AU FOND

DE MON CARNIER

PARIS. — IMPRIMERIE DE CH. LAHURE ET Cie
Rue de Fleurus, 9

AU FOND

DE MON CARNIER

PAR

LÉON BERTRAND

PARIS

LIBRAIRIE DE L. HACHETTE ET Cⁱᵉ

BOULEVARD SAINT-GERMAIN, Nᵒ 77

1862

PRÉFACE.

La chasse a ses héros paisibles et ses héros turbu-
lents, ses tueurs de tigres et de gazelles, ses mois-
sonneurs et ses glaneurs ; mais, bien que chacun de
ces derniers ait apporté son épi à la gerbe de la
science, les secrets de la nature sont tellement in-
finis, que l'œuvre commencée par le premier
homme restera peut-être inachevée entre les
mains du dernier.

Cette liberté d'action laissée à l'intelligence, à la
foi, à la passion ; ces lacunes à combler, ces pages
à remplir, justifient pleinement l'entrée ou la rentrée en lice de tout athlète de valeur.

a

Celui qui, depuis trente ans, a préparé le succès des uns, consolidé celui des autres et assuré à tous (il tenait la balance) une part équitable d'encouragements ou d'éloges, a bien mérité qu'on jette sur ses pas quelques-unes des fleurs dont il a émaillé ceux de ses élèves, de ses émules et de ses rivaux.

Remontons à la source : une nécessité, mieux, une joie sérieuse comme tout ce qui touche au plaisir, a fondé la noble science de la chasse : tout ce qui s'y rapporte, homme et engins, faits et gestes, professorat par les armes ou la pensée, littérature, tout, sans distinction d'époque, a un cachet de solidarité, de franchise et de camaraderie qui réjouit le cœur.

On chercherait en vain dans la libérale république des lettres un aéropage exhumant du linceul de l'oubli un nom, une œuvre — la gloire est à ce prix — pour les produire au grand jour de la publicité. L'aréopage de notre athénée, autrement pur que celui d'Athènes [1], qui considérait comme une at-

---

1. Voir les lois de l'ostracisme et du pétalisme, promulguées par les républiques d'Athènes, de Syracuse et de Sparte, qui redoutant également d'être subjuguées par l'ascendant de la

teinte portée au grand principe de l'égalité, l'amour de plusieurs concentré sur un seul; notre aréopage, dis-je, formé d'une véritable société de frères de lettres, se charge de sortir de leurs langes les œuvres des petits et des faibles; il les proclame à son de trompe, les patronne et change sur le front du récipiendaire de mérite la couronne du martyr en glorieuses palmes.

Sublime sacerdoce exercé, non par un seul, ce serait trop de gloire, mais pour ne citer que les plus éminents, par les Blaze, les Deyeux, les Toussenel, les Foudras, les Chapus, les Lavallée, les le Masson, et par le plus intéressé de tous au succès des autres, par Léon Bertrand. La bonté n'a pas cessé d'être un signe de force : la force c'est le savoir, et le vieux praticien, qui est pour la jeune génération un exemple tutélaire et un conseil vivant, n'use point de rigueur envers elle. Il sait que toute observation peut être contrôlée par une observation meilleure, et que les plus grands génies ont subi cette épreuve. « La science, comme l'a si bien dit Geoffroy Saint-Hilaire, ne se déjuge pas, elle se corrige. »

vertu ou par celui du vice, imposaient une amende au citoyen trop honoré ou trop aimé.

C'est dans le *Journal des Chasseurs* que nos sommités cynégétiques ont grandi et atteint toutes leurs coudées; c'est dans cette feuille que, puisant leurs inspirations, leur règle de conduite, de nouveaux adeptes ont été maintenus dans les belles traditions de l'art; que les questions les plus délicates, les plus ardentes, les plus controversées, ont été dégagées de toute équivoque, de toute obscurité; c'est enfin sous l'habile direction de l'homme le plus compétent de l'époque, que, répandu dans l'univers entier, ce journal est devenu, grâce à lui, la véritable encyclopédie de la chasse.

Marquant le trait d'union entre le sport aristocratique et bourgeois, et complétant la fusion des deux, Léon Bertrand a inauguré l'ère féconde de l'association et initié de modestes chasseurs aux solennelles joies naguère réservées à l'opulence. Le sans-façon de sa science, sa belle humeur, son entente du confort, sa prévoyance même à l'égard des *harnais de gueule*, comme disait maître Dufouilloux, lui donnent quelques traits de ressemblance avec ce beau modèle.

Tel est l'homme dont la vie entière s'est accomplie dans une seule et même chasse, parlée, écrite, faite sous les zones les plus variées. Champs féconds qui donnent à l'esprit ce que les terroirs donnent aux vins.... un bouquet différent. Favorisé par une popularité exceptionnelle, traitant de puissance à puissance avec toutes les notabilités cynégétiques et forestières, goûtant à toutes les prémices, il a dû récolter des fruits d'une maturité plus savoureuse encore : voilà pour le fond ; quant à la forme, l'auteur a une physionomie à lui, un style à lui, une originalité à lui.... c'est tout dire.

Il eût fallu distraire de nombreux volumes ces précieux enseignements donnés dans une forme légère, éminemment française et pourtant didactique ; l'auteur a eu la bonne pensée de rendre à ses œuvres, enrichies de nouvelles études et de nouveaux aperçus, l'unité qui leur assure une place éminente dans la bibliothèque du chasseur.

Hier paraissait *la Chasse* et *les Chasseurs ;* demain, car je soulève le voile, le voile qui voltige est plus indiscret que le voile qui tombe, demain paraîtront peut-être les *Mémoires de Nemrod,* sans épuiser les poches du merveilleux *carnier* que nous avons en ce moment sous les yeux, véritable sac à surprises, à malices peut-être, mais dont aucune n'aura été distillée dans le sombre laboratoire de Pandore! Les mauvaises paroles ont l'autorité des mauvais exemples.

De ce carnier bondé comme en un jour de fête, et dont nous gardons tout l'arome pour le lecteur, s'échapperont des scènes de sport du plus haut intérêt, des drames intimes, des histoires vraies, des contes fantastiques, dignes de la plume d'Hoffman ou de celle d'Edgar Poë lui-même.

D'ordinaire l'écrivain ressemble à ses œuvres : Léon Bertrand, plus chaud de tons, nonobstant leurs teintes si colorées, plus varié, nonobstant leur diversité si prestigieuse, semble être (pardon de l'expression) d'une race plus pure encore ! Veneur, poëte, littérateur, compositeur[1].... ce favori des muses (dénonçons-le), possède un *ut* de poitrine cuivré, métallique, à briser les vitres ! mieux, à faire voler en éclats les cornets de verre que de joyeux disciples vident et remplissent en l'honneur de leur patron.

Avant de détacher la coupe de nos lèvres, portons donc à l'émule généreux, au veneur d'élite, à l'écrivain de talent, un toast digne de lui. Puisse-t-il, à l'heure du suprême appel, couronnant par une belle fin une vie si bien remplie, s'éteindre en je-

---

1. Léon Bertrand a composé, paroles et musique, une série de fanfares que le célèbre Dampierre n'eût pas désavouées.

tant aux échos les dernières notes d'un hallali sur
pied !!! l'hallali sur pied c'est la mort debout !...
c'est la mort du chasseur !

ADOLPHE D'HOUDETOT.

RICHARD TUEUR DE LOUPS

OU

LES DEUX NUITS DE NOCES

RICHARD TUEUR DE LOUPS

LES DEUX NUITS DE NOCES.

A quelques lieues sur la gauche de Lagny, petite ville de Seine-et-Marne, à laquelle sa prise en 17.... par le vicomte d'Orge, a acquis une si triste célébrité, et non loin de Fontenelle, charmante habitation qu'embellit encore la présence de la plus aimable maîtresse de maison qui soit au monde, se remarque à l'embranchement de deux routes, dans un fond qui devait être jadis très-isolé, une ancienne ferme tombant en ruines, et qui est tout à fait abandonnée aujourd'hui.

A l'extrémité d'une vaste cour entourée d'un reste de clôture en maçonnerie dont le temps a détruit la majeure partie, et que remplace çà et là une forte haie vive de noisetiers et d'épines, s'élèvent quatre grandes murailles toutes nues qui marquent l'emplacement du corps de logis principal, et qui vont elles-mêmes se dégradant chaque jour davantage. A l'exception des embrasures lézardées de quelques croisées à travers lesquelles siffle le vent, et de la place encore visible des cheminées qui se détachent en noir sur le fond grisâtre de ces hautes murailles, il ne reste plus rien qui puisse indiquer à l'œil la distribution primitive des pièces. Seulement, à en juger par les matériaux qui encombrent le sol, ainsi que par le nombre et la grandeur des bâtiments qui servaient sans doute à l'exploitation de la ferme, il est facile de se convaincre que ce n'était point là un faire-valoir ordinaire, et l'âme attristée par l'aspect de tous ces débris, on se demande involontairement comment un établissement de ce genre, situé dans un canton si fertile, entouré de tant d'éléments de prospérité et de succès, a pu tomber dans un abandon pareil, et se convertir ainsi en un vaste champ de désolation et de ruines.

Pour moi, qui depuis quelques années habite presque tout l'hiver ce beau pays, en société de deux ou trois amis, garçons d'esprit et de cœur, comprenant on ne peut mieux la vie, et qui à l'avantage d'être les premiers chasseurs du canton, joignent celui d'avoisiner Bellassise et Ferrières, propriétés du baron de Rothschild, où le gibier de toute espèce abonde; pour moi, dis-je, je ne me rappelle pas avoir passé une seule fois devant la porte de cette ferme, quand mes excursions en plaine m'amenaient de ce côté, sans qu'un sentiment pénible m'y arrêtât malgré moi, et sans que ma pensée, cédant à une curiosité invincible, cherchât à se rendre compte de cette étrange scène de désolation et de désordre.

Un jour que regagnant Hermières je battais avec soin les chaumes et les labours, escorté de Black, grand lévrier de race anglaise, toujours prêt en quelques bonds à réparer mes sottises, un lièvre qui nous avait laissés prudemment passer l'un et l'autre, vint tout à coup à partir à une centaine de pas derrière nous, et il avait déjà une avance considérable quand, au seul mot de wloo, mon chien s'élança sur sa trace. Néanmoins la distance fut bientôt franchie : deux secondes ne s'étaient pas écoulées que le lièvre sentit son ennemi derrière lui, l'œil ardent, l'oreille basse et le col tendu, et ce fut alors un spectacle vraiment admirable et toujours nouveau pour moi, que de voir cette lutte entre ces deux animaux rasant le sol et redoublant entre eux d'efforts et de vitesse. Deux fois le lévrier lancé trop rapidement passa par-dessus sa proie, et deux fois, profitant du temps que le chien perdait à s'arrêter brusquement sur ses jarrets pour prendre une direction nouvelle, le lièvre parvint, par un crochet habile, à gagner sur son antagoniste un terrain que celui-ci ne tarda pas à reconquérir. Je les suivis aussi loin que ma vue put s'étendre, mais bientôt, à mon grand regret, ils disparurent du côté du fond isolé où se trouvaient les ruines de la ferme, si près l'un de l'autre tous deux qu'ils ne me semblaient plus, à la distance où j'étais, faire en ce moment qu'un seul et même animal.

Ce serait bien ici le cas, pour remplir l'intervalle que je mis à les rejoindre, de professer ma haute estime pour la chasse au lévrier, et de rechercher les causes de la défaveur où, depuis quelque temps, elle est tombée parmi nous ; mais je m'en dispenserai par deux motifs, d'abord c'est que j'ai en horreur les digressions inutiles, et que je les saute toujours à pieds joints, fût-ce un chapitre sur le lézard ami de l'homme ; en second lieu, c'est que je pourrai bien un jour consacrer à l'art de la vénerie quelques pages où ces observations sur la chasse au lévrier ainsi que sur le vol de l'oiseau, ces nobles passe-temps de nos aïeux, trouveront naturellement leur place.

Quand j'arrivai en vue de la ferme je n'aperçus d'abord ni chien ni lièvre, et sans une bonne vieille femme qui, pliant sous le poids d'une fouée de genêts et de bois mort, surgit tout à coup du milieu des décombres, un long bâton d'épine à la main, j'aurais été longtemps à les chercher.

«Par ici, monsieur,» me cria-t-elle, et du geste elle

m'indiquait le fond de la cour, où j'entrai bientôt
précédé par elle.

Dans un coin était étendu Black, le flanc haletant
et son long museau blanc ensanglanté. A ses côtés
gisait le lièvre mort, les quatre pattes allongées et
roides comme s'il eût été forcé après une heure
de chasse. A notre approche le chien releva fièrement la tête, et comme mon guide marchait toujours devant moi, un grognement expressif accompagné d'une superbe rangée de dents, fut une
espèce d'avis que nous comprîmes tous deux, et qui
m'expliqua par quelle honnête réflexion la vieille
s'était vue dans la nécessité de m'attendre.

Lorsque j'eus bien contemplé mon animal, que
je l'eus tourné et retourné vingt fois avant de le
mettre au fond de mon carnier, tantôt le passant
d'une main dans l'autre afin de calculer son poids,
tantôt vérifiant gravement si c'était un bouquin ou
une hase, et si par hasard il n'avait pas l'oreille fen-
due, circonstance d'autant plus importante qu'elle
m'eût indubitablement prouvé que c'était un échappé
des réserves voisines; quand j'eus enfin terminé
à loisir toute cette longue inspection à laquelle ne
manque jamais de se livrer tout bon chasseur, je me
disposai à partir et je me mis à siffler mon chien,
pour qui toutes ces observations n'avaient pas, à
beaucoup près, le même intérêt que pour moi....
mais apparemment que le drôle s'était mis en tête

de me donner ce jour-là une petite leçon de savoir-
vivre, car je n'eus pas plutôt jeté les yeux derrière
moi que je l'aperçus à quelques pas qui, libre cette
fois de toute responsabilité, flairait sentimentale-
ment le jupon de la vieille et semblait, en animal
bien élevé, faire plus intime connaissance avec elle.

Il y a longtemps qu'un moraliste a dit :

Grands ingrats que nous sommes!
Les animaux souvent valent mieux que les hommes!

Pour moi, ce ne fut point là, je l'avoue à ma honte,
la première pensée qui me vint. L'aspect de cette
vieille en haillons, assise au milieu de ces débris,
sur une poutre à demi vermoulue qui de loin ne
ressemblait pas mal à un énorme serpent caché
sous l'herbe, me ramena tout d'abord à mes réflexions habituelles. Évidemment mon chien avait
compris ce que cette femme attendait là, et il faisait
de son mieux pour lui payer sa dette; moi, plus
égoïste cent fois, je ne songeai qu'à une chose, ce
fut aux éclaircissements utiles que j'en pouvais tirer; je fis signe à Black de se coucher au pied du
fagot dont elle s'était débarrassée, et, me plaçant
moi-même à ses côtés, je lui demandai si elle ne
pourrait pas satisfaire ma juste curiosité et me conter l'histoire de ces ruines.

« Et qui donc vous la conterait mieux que moi, me

dit-elle, moi qui, telle que vous me voyez aujour-
d'hui, mon bon monsieur, pauvre vieille sans vêtements et presque sans asile, ai été élevée et nourrie
dans cette maison, et qui comptais bien un jour y
mourir! Ah monsieur! c'est une triste et longue
histoire; mais enfin Dieu l'a voulu, que sa sainte
volonté soit faite. Disant cela, un soupir étouffé sortait de sa poitrine, et du revers de sa main noire et
ridée elle essuyait une grosse larme qui s'échappait
malgré elle de ses yeux.

« En 1785 ou 86, peu importe, il y a de cela bientôt
cinquante ans, j'en aurai soixante-dix à la Saint-Mar-
tin prochaine, cette ferme, dont il ne reste quasi
plus rien aujourd'hui, était une des plus riches du bail-
liage de Chanteloup, ce village que vous apercevez là-
bas juste derrière les grands ormes. Là (et du doigt
elle me désignait les quatre pans de murs encore
intacts), se trouvait un vaste bâtiment servant de
corps de logis, qu'occupait Guillaume Émery, notre
bon maître : ici, s'élevait la grange, et Dieu sait si
dans tout le pays il y en avait, après la moisson, une
plus belle et une mieux garnie. Quant à cet emplacement vide où vous voyez encore ces anneaux en
fer scellés à un reste de muraille, c'étaient l'étable
et les écuries, et lorsque arrivait la Notre-Dame
d'août, ou bien la mi-septembre, l'époque habituelle
des principales foires du pays, souvent plus d'un
bon Normand, qui n'avait pas trouvé son affaire

chez lui, entrait ici la sacoche pleine, et, quelque
peu traitable qu'il fût, il était, Dieu merci, bien
rare qu'il ne sortît pas de chez nous les mains vides.
Croiriez-vous, monsieur, qu'hiver comme été,
dans les semailles comme après la récolte, nous ne
comptions jamais chez nous moins de soixante à
quatre-vingts chevaux de trait, encore sans parler
de nos élèves; et certes là-dessus maître Guillaume
Émery s'y entendait, le pauvre cher homme! C'é-
tait, comme dit cet autre, son élément, sa partie,
et il y avait la main si heureuse qu'à dix lieues à la
ronde vous n'auriez pas trouvé une seule ferme dont
nous n'eussions la fourniture en chevaux. Il est
vrai qu'avec des verts comme ceux-ci, continua-
t-elle (en me montrant une vaste étendue de prés
qui s'étend sur la gauche de l'ancienne ferme, et où
l'on récolte encore à présent les meilleurs foins du
canton), il n'était pas bien malin de nourrir d'assez
beaux élèves pour contenter même les plus diffi-
ciles. Quant aux autres bestiaux, figurez-vous un
parc de douze à quinze cents moutons dont aucun
troupeau des environs n'eût pu approcher pour la
laine; joignez-y quarante belles vaches briardes qui
ne valaient ni plus ni moins que celles du voisin,
bien que celles du voisin fussent normandes; puis,
pour ne rien omettre, peuplez-moi en idée cette
basse-cour actuellement déserte, remplissez-moi
ce colombier vide, couvrez-moi d'habitants cette

marc jadis si poissonneuse et maintenant à sec, et vous n'aurez qu'une idée bien imparfaite de toutes les richesses d'une telle ferme.»

Ici la bonne vieille se tut, soit pour reprendre haleine, soit plutôt, comme tout conteur en a l'habitude, pour apprécier l'effet que son début avait produit sur moi; et comme je gardais le silence, absorbé que j'étais par mille réflexions pénibles, elle se moucha lentement et reprit ainsi :

« Quand j'entrai au service de M. Émery, je venais d'accomplir ma dix-neuvième année, et lui, ce digne maître, pouvait bien toucher à la cinquantaine. Marié à trente ans passés à la fille unique d'un des plus gros fermiers de la Brie, il avait eu le malheur de perdre sa femme en couches au bout de cinq ans de ménage, et jamais, depuis ce temps-là, il ne s'était consolé. En vain ses amis l'avaient-ils pressé vingt fois de contracter une nouvelle union, lui représentant que la présence d'une femme était indispensable à la tête d'une maison comme la sienne, qu'il fallait une mère adoptive à la fille que sa première épouse lui avait laissée; il était resté sourd à toutes leurs sollicitations, et on lui eût présenté le plus riche parti de France qu'il l'eût, je crois, refusé. Tout entier aux nombreux travaux qu'exigeait l'exploitation de quinze cents arpents de culture, ainsi qu'aux soins que demandait l'éducation de sa petite Thérèse sur laquelle il avait reporté toute sa tendresse, il passait, au dire universel, pour le meilleur des pères et le plus laborieux des fermiers, si bien que sa fille n'avait pas dix-huit ans que déjà plus d'un prétendant se disputait l'honneur d'obtenir la main de notre jeune et jolie maîtresse.

Parmi les plus empressés et les plus assidus à lui faire leur cour, se distinguait Henri W..., fils du lieutenant civil de la prévôté de Melun. C'était un jeune homme fort bien fait de sa personne, rempli de toutes sortes de qualités honnêtes, et qui, maître à vingt-quatre ans d'une assez belle fortune que sa mère lui avait laissée, était en outre appelé à succéder un jour à son père dont la place, dit-on, était très-bien rétribuée. A l'époque dont je vous parle, sa liaison avec M. Émery remontait déjà à quelque temps. Leur connaissance s'était formée assez singulièrement, à la suite d'un événement malheureux dont l'instruction évoquée à Melun avait nécessité la comparution d'une partie des gens de cette ferme.

Par une soirée du mois d'août, la veille de la Saint-Laurent, à la nuit tombante, un homme à cheval frappa ici, entre ces deux piliers encore debout, vis-à-vis desquels nous sommes assis maintenant et où s'ouvrait alors la grande porte. C'était un riche marchand de bestiaux avec lequel nous avions fait affaire mainte et mainte fois et qui, se rendant de Paris à Coulommiers pour assister à la foire de l'endroit, venait en passant souhaiter le bonsoir à notre maître et régler avec lui quelques anciens comptes de fourrages. Je ne sais où se trouvaient, pour le quart d'heure, Pierre et Bastien, nos deux garçons d'écurie ; tout ce que je me rappelle, c'est que ce fut moi qui courus ouvrir à ce nouvel hôte et qui l'aidai à descendre de sa monture, après l'avoir débarrassé d'abord d'une énorme valise en cuir que nous portâmes à nous deux jusqu'à l'entrée de la maison.

Il n'y avait pour le moment que trois personnes au logis : M. Émery, mamzelle Thérèse, sa fille, et un cousin germain à elle, nommé Richard Schwartz, lieutenant des chasses du duc de Penthièvre, à la résidence de la Maison-Noire, entre Neufmoutiers et Mortcerf. M. Émery assis là, à sa place habituelle, près de cette fenêtre qui donnait sur la cour, et d'où il surveillait par ses yeux le mouvement intérieur de la ferme, était en train d'écrire : Richard, à moitié enfoncé sous le vaste manteau de la cheminée, un moule à la main et un réchaud allumé devant lui, achevait de fondre quelques balles. Quant à mamzelle Thérèse, qui fut toujours une excellente ouvrière, elle s'occupait dans la pièce à côté de quelques petits détails de ménage.

Pardon, si je n'omets aucune de ces circonstances. Mais que voulez-vous? il n'est rien que les vieilles gens se rappellent aussi volontiers que le temps de leur jeunesse. Alors, je pouvais avoir vingt-trois ans à peine, et tous ces souvenirs sont tellement présents à mon esprit, qu'il me semble parfois me retrouver encore à cette époque. Oui, monsieur, quand, une fois par semaine, je prends mon courage à deux mains pour m'en venir jusque par ici depuis Bussy-Saint-Georges où je reste, et il y a autant dire deux mortelles lieues, à mon retour de la forêt où je me suis bien fatiguée toute la journée pour y glaner un misérable fagot, je ne manque jamais de faire une station en cet endroit, qui est juste à moitié chemin de mon village. Je me repose ici, sur cette longue poutre où nous sommes, et là je ne suis pas longtemps seule, car à peine me suis-je assise, à peine ai-je parcouru de l'œil tous ces débris que je sais d'avance par cœur, que toute ma vie d'autrefois, ma vie si heureuse et si calme, se retrace malgré moi à ma pensée. Bientôt cette solitude n'est plus un désert; elle se peuple, elle s'anime; je rebâtis ces ruines, j'en construis un bâtiment tout neuf, tel que je l'ai connu jadis, couvert en belles et bonnes tuiles, avec des fenêtres en briques rouges et de jolis contrevents verts; et une fois que tout ce replâtrage est fait, quand ma mémoire, qui n'omet rien, a bien tout remis à sa place, voyez jusqu'où va ma folie! j'oublie alors que je suis la dernière créature vivante échappée à ce vaste tombeau; je redeviens jeune fille, moi, pau-

vre vieille femme infirme, qui n'ai plus sur la tête
que quelques mèches de cheveux gris : je crois revoir mes anciens maîtres, cette bonne mamzelle
Thérèse surtout que j'aimais tant à servir; je m'i-
magine l'entendre, il me semble reconnaître sa
voix, sa voix si prévenante et si douce, alors qu'elle
descendait, au matin, les trois marches de ce per-
ron, et que, son tablier à la main, elle assemblait
d'un mot toute la basse cour autour d'elle.... Mais,
hélas! qu'il est promptement dissipé ce rêve d'une
imagination qui s'abuse! un rien suffit pour me
tirer de mon erreur, le bruit d'un oiseau qui se
pose sur la muraille, celui d'une pierre qui tombe
quand il reprend son vol; et vous exprimer combien je suis malheureuse à mon réveil, ce que j'é-
prouve d'angoisses et de terreurs quand je me
retrouve ainsi seule avec moi-même, quand je
n'aperçois plus à mes côtés que ces tas de décombres sur lesquels le jour, qui baisse, projette,
comme en ce moment, sa lueur incertaine et dou-
teuse; vous peindre tout ce qui se passe en moi
lorsque je me lève pour partir, lorsque je dis un
dernier adieu à ces débris, à ces pierres à demi
couvertes d'herbes, qui se dessinent en blanc comme
autant de tombes, oh ! monsieur, cela n'est pas possible, car il n'y a que mon cœur pour le sentir et
pas une expression au monde pour le rendre.

Mais laissons là les réflexions et revenons à mon

histoire : l'entrevue de mon maître et du voyageur fut courte, elle dura une demi-heure peut-être, le temps nécessaire pour rafraîchir le cavalier et pour laisser un peu souffler sa bête.

« Tiens, c'est vous, père Durand, s'était écrié gaiement M. Émery en se levant avec empressement de son grand fauteuil en velours d'Utrecht, et en offrant sa place au nouveau venu ; eh ! parbleu, mon brave, vous avez eu bon nez de vous mettre en route, j'allais justement vous écrire, et aussi bien, puisque vous voilà, le messager de Lagny n'aura pas la peine de vous porter ma lettre. » Là-dessus s'était engagée une conversation que je n'ai pu entendre, attendu que, sur un signe du maître, je descendis chercher du vin à la cave, mais qui se passa sans doute moitié en compliments, moitié en affaires ; car vous savez qu'entre fermiers, la phrase obligée *comment cela va-t-il ?* ne signifie pas autre chose que *où en est le commerce ?* c'est une façon honnête de parler, une question insidieuse qui s'adresse moins souvent à la santé qu'à la bourse. Quand je rentrai, une bouteille et des verres à la main, l'étranger, pour sa part, avait fort bien compris ce langage, et, ce qui me le prouva, c'est qu'il achevait de fermer au cadenas la valise qui m'avait paru si lourde à porter et que deux énormes piles d'écus, alignées côte à côte sur la table, ne semblaient pas avoir beaucoup allégée.

« Diantre, disait à son tour Richard, qui s'était approché pour prendre part à l'entretien et qui, se balançant le coude appuyé sur le dos d'une chaise, semblait dévorer des yeux tantôt l'argent compté devant lui, tantôt celui qu'il supposait contenu sous cette triple enveloppe de cuir; savez-vous bien, mon maître (notez comme moi chacune de ses paroles), savez-vous bien que ce n'est pas prudent à vous de vous aventurer si tard dans la forêt, surtout portant en croupe une marchandise pareille ! car enfin combien avons-nous là dedans? ajoutait-il du ton de la plus parfaite indifférence en essayant de soulever un coin de la sacoche, tandis que son oncle, qui n'était pas à la conversation, griffonnait à la hâte une espèce de reçu. Une centaine de pistoles peut-être?

— Deux mille écus, jeune homme.

— Deux mille écus!

— Oui, rien que ça... sans compter encore certain portefeuille....

— Que vous avez?...

— Là, sur moi, en lieu sûr....

— Et qui contient?

— Six bonnes mille livres en traites au porteur sur le fermier général de Normandie; les bestiaux cette année sont si chers, et vos paysans de la Brie si coquins, qu'on ne peut venir chez vous que cousu d'or, témoin la Monthéty dernière.

— Deux mille écus argent et six mille livres en billets, mais c'est comme qui dirait....

— Douze mille livres !

— Joli denier, ma foi, et qui ferait la fortune de plus d'un honnête homme.... Eh bien! là, franchement, monsieur Durand, vous me croirez si vous voulez, mais, n'en déplaise à ma cousine Thérèse qui nous écoute en ce moment derrière la porte et qui dira que je suis un oiseau de mauvais présage, cela n'est vraiment pas raisonnable à vous que de vouloir entreprendre seul, à pareille heure et par de tels chemins, une traversée semblable. Savez-vous que d'ici aux Bourbonnières où vous gagnez l'entrée des bois, il y a seulement deux grandes lieues?

— Tiens, cette demande! comme si c'était la première fois que le gris-pommelé les a faites....

— Savez-vous qu'avant d'arriver là il faut passer au carrefour des Croix-Blanches, entre ces deux buttes de sable où s'enfonce ce chemin creux si désert au milieu duquel périt l'an passé Jacques Houssaye, le meunier des Uselles? car c'est par là que vous comptez prendre, n'est-ce pas? à moins que faisant un grand détour....

— Un détour.... maugrebleu! un détour! moi, Jean Durand, qu'on attend cette nuit même à Crécy où j'ai donné rendez-vous sur parole. Ah çà! jeune homme, penseriez-vous par hasard me faire peur? A minuit à Crécy, à Coulommiers demain, voilà ma route; sachez que je ne m'en écarterais pas d'une ligne quand j'y devrais rencontrer toute la bande du fameux Cartouche! »

Et un instant après, comme pour donner plus de poids à ses paroles et prouver quel cas il faisait de ces avis pusillanimes, notre homme se levait de table, serrait cordialement la main à M. Émery dont il recevait la quittance, embrassait sur le front Mlle Thérèse qui essayait en vain de son côté de lui faire valoir tous les avantages d'un bon lit, et, me glissant la pièce dans la main, remontait bravement sur son cheval aussi impatient que lui de se remettre en route.

Il prit là, tenez, par ce petit sentier à gauche qui aboutit à la ferme. J'entendis encore quelque temps le trot de sa monture sur le chemin ferré de Jossigny. Mais la nuit qui était alors tout à fait tombée me parut si sombre et si noire que je ne pus m'empêcher, en refermant la grande porte, de songer malgré moi aux tristes pronostics de Richard, et de me demander pourquoi, au lieu de se retirer dans sa chambre en s'empressant de nous souhaiter le bonsoir, il n'avait pas été le premier à seller sa jument et à proposer au voyageur auquel il témoignait un intérêt si tendre, de lui faire un petit bout de conduite. Cela me semblait d'autant plus naturel que nul autre dans le pays ne connaissait mieux la route qu'il avait parcourue cent fois à toute heure

de nuit et de jour, et que comme il couchait seul
au-dessus du fournil, dans un petit bâtiment isolé
qui avait une porte de sortie sur la campagne, rien
ne lui était plus facile que d'aller et venir sans jamais réveiller personne. Mais enfin ce ne fut point
là son idée; Dieu lui pardonne et le diable aussi,
s'il est vrai, comme il l'a toujours soutenu depuis,
qu'il ne dormit jamais d'un si bon somme. Quant à
ce pauvre M. Durand, à quatre heures du matin son
cheval hennissait sous nos murs, sans selle, sans
bride, couvert d'écume, de poussière et de sang, et
lui, entièrement dévalisé, gisait assassiné au carrefour des Croix-Blanches juste à la même place où
un an auparavant avait déjà succombé Jacques
Houssaye, le meunier des Uselles.

Tel fut, monsieur, le déplorable événement auquel M. Émery dut l'origine de sa liaison avec ce
bon M. Henri W..., triste aventure comme vous
voyez, et qui n'était pourtant que le prélude de la
plus épouvantable série de catastrophes. L'affaire,
poursuivie à Melun, à la diligence du lieutenant civil,
le père de M. Henri, tomba d'elle-même faute de
preuves; il fut impossible à la justice humaine de
découvrir l'auteur invisible de ce forfait; et l'instruction pour laquelle nous eûmes tous à subir un long
interrogatoire, ne servit qu'à faire briller d'un nouvel
éclat la réputation intègre de notre maître, tout en
lui conciliant un ami de plus dans la personne du

fils de son juge qu'une conformité d'âge avait d'abord rapproché de Richard ; je dis conformité d'âge, car, en fait de goûts et d'humeur, il était impossible de rencontrer deux caractères moins semblables.

Fils d'une sœur de M. Emery, qui s'était expatriée dans les temps pour suivre en Bavière un maître piqueur des comtes de Rosenbach, et qui était morte veuve à Munich, dans la plus affreuse misère, Richard Schwartz devait tout à la générosité de son oncle qui l'avait mandé près de lui aussitôt après le décès de sa mère, et qui, depuis cette époque, s'était entièrement chargé de son avenir. C'était à son arrivée de l'Allemagne un jeune garçon de belle venue, grand, vigoureux, bien bâti, plus formé à quinze ans qu'on ne l'est d'ordinaire à dix-huit, mais d'un naturel si intraitable et si sauvage que le maître d'école de Ferrières, chez lequel on l'avait placé pour qu'il apprît le français dont il savait à peine quelques mots, déclara formellement, au bout de trois mois, qu'avec la meilleure volonté du monde il ne ferait jamais rien d'un tel élève. Hypocrite, dissimulé, sournois, mal disposé pour son prochain dont il se tenait toujours à distance comme un chien jaloux et hargneux, il n'avait même pas la gaieté de son âge. Aussi quitta-t-il sa classe sans inspirer un seul regret, et avec le triste avantage de n'emporter au bout d'une année que la poussière des bancs de l'école.

« Que comptez-vous faire de votre neveu? disait un jour un ami à notre maître. J'ai bien peur pour vous qu'il ne tourne mal. En vain avez-vous essayé de l'habituer aux travaux de la ferme; c'est un garçon insociable, bon tout au plus à vivre dans un désert parmi les animaux les plus féroces. Voyez-le avec son air en dessous, sa mine renfrognée et taciturne; toujours soucieux, toujours seul; ou bien, s'il fréquente quelqu'un dans le pays, c'est un ou deux mauvais sujets, Tortillard Langlois, le braconnier, Pierre Lorry, le valet de limier de MM. de Labrousse : voilà, Dieu merci, la seule société qu'il recherche et qu'il aime. Tenez, monsieur Émery, rappelez-vous une chose, c'est que *tel père, tel fils*. Pour moi, il y a longtemps qu'à votre place j'en aurais fait un garde-chasse. » Ce mot ainsi jeté en passant, décida de la destinée de Richard, et du reste l'application prouva combien il était juste, car jamais carrière ne fut exploitée avec plus de succès que la nouvelle et aventureuse position dans laquelle on lança ce jeune homme. Placé d'abord comme valet d'écurie dans l'équipage de M. de Lewis, il se fit en lui un changement incroyable; d'indifférent et de paresseux qu'il avait été jusqu'alors, il devint tout à coup zélé, intelligent et actif. On le cita pour l'exactitude de son service, pour sa soumission envers le moindre de ses supérieurs, et une année ne s'était pas écoulée que, sa bonne réputation l'aidant,

et la recommandation de son oncle aussi, il entrait
comme piqueur dans la vénerie de M. le duc de
Penthièvre. Ce fut là surtout, dans cette maison d'où
il ne sortit plus, qu'il fit un chemin brillant et rapide : doué d'une force prodigieuse que l'exercice
développa encore, d'une sobriété rare, d'une témé-
rité heureuse et sans pareille, il fut bientôt le héros
de mille aventures de chasse dont la forêt de Crécy
parle encore, et qui lui concilièrent en peu de
temps l'estime et la confiance de tous ses chefs. Un
jour il sauva la vie à M. le duc, qu'un sanglier blessé
serrait de trop près ; une autre fois ce furent les enfants d'un bûcheron qu'il arracha comme par miracle à une mort horrible et certaine, en tuant merveilleusement un loup énorme au moment même
où il entraînait déjà le plus jeune des deux ; et ces
heureuses circonstances, jointes à sa science en vénerie qui, dit-on, était infailllible, ne contribuèrent
pas peu, comme vous pensez, à le mettre tout à fait
en faveur. De simple piqueur il passa successivement et en peu d'années, tant son avancement fut
rapide, garde, porte-mousqueton, garde à cheval,
lieutenant des chasses, et Dieu sait où se serait
arrêtée sa fortune, soutenu qu'il était par le crédit
d'un des plus grands seigneurs de la cour, si son
ambition démesurée ne l'eût conduit tout droit à sa
perte. Certes nous avions à cette époque, en Brie,
plus d'un bon et d'un intrépide chasseur : S. A. R.

Mgr le prince de Conti, MM. de Guy et de Ternante, les deux frères Desgraviers, Jacques Lallemand, le louvetier de la province, et bien d'autres encore qu'il serait trop long d'énumérer, tous gens de résolution et de cœur, passant leur vie en forêt, ne rentrant jamais au logis qu'à la nuit close, quelquefois même le lendemain matin si par hasard l'occasion l'exigeait; eh bien! quelque brillantes que fussent tant de réputations méritées, si fort au-dessus, cela soit dit sans vous blesser, de celles des petits chasseurs damoiseaux de ce siècle, il en était une qui les éclipsait toutes, et cette réputation c'était celle de Richard, dont l'habileté comme tireur tenait véritablement du prodige. Placer une balle à cent cinquante pas dans le diamètre d'un écu de six livres était pour lui un jeu d'enfant qui lui prenait à peine le temps d'épauler son arme; qu'il chassât en plaine ou au bois, autant de bêtes mises en joue autant de pièces mortes; et on se refuserait à croire le nombre prodigieux d'animaux malfaisants qu'il détruisit rien que dans une saison, dans le fameux hiver de 1783 à 84, si les registres de la louveterie déposés aux archives de Tournan ne justifiaient encore de la somme énorme de 1600 livres qu'on lui paya à titre de primes. Enfin, telle était sa supériorité sous le rapport du tir, qu'on avait cru devoir prendre à son égard certaines mesures d'exception, et qu'à dix lieues à la ronde on ne tambourinait pas

une seule fête de pays, avec prix à la carabine ou
au fusil, sans que Richard, surnommé *le tueur de
loups*, en fût formellement écarté par une clause
expresse.

A qui devait-il ce coup d'œil si prompt, ce sang-
froid si sûr de lui-même, voilà ce que j'ignore et
ce que je ne vous expliquerai pas; tout ce que je
sais, mais il y a de par le monde bien des méchantes
langues et bien des envieux, c'est que j'ai entendu
plus d'une fois causer à ce sujet défunt père Athanase, le berger de la ferme, et qu'à en croire ce
vieux sorcier il ne fallait pas n'attribuer son talent
qu'à lui-même : suivant lui, il ne s'agissait rien
moins que d'une *seconde vue*, d'un don surnaturel
dû à l'esprit malin, et il racontait là-dessus des
choses incroyables, des choses à faire frémir, que
motivaient pourtant en quelque sorte, non-seulement les excursions nocturnes de Richard, mais encore son air morose et pensif, son goût prononcé
pour la solitude; jusqu'à l'habitation dont il avait
fait choix, habitation perdue en forêt, au milieu
des sites les plus sauvages, et qu'on appelait la *Maison noire*, tant elle était enfumée et triste et tant elle
ressemblait moins à une demeure humaine qu'à un
tombeau. A cet égard vous ferez comme moi, monsieur, vous en penserez ce que vous voudrez; peut-
être le père Athanase avait-il raison, peut-être aussi
ne semait-il ces bruits que par jalousie de métier,

à dessein ; car on prétend qu'il n'a pas, de son côté, laissé de trop bonnes reliques ; mais enfin voilà quel était, à vingt-six ans, notre cousin Richard Schwartz, inexplicable assemblage d'intelligence, de ruse et d'audace, homme propre à tout entreprendre et à tout oser, capable de masquer sous les dehors trompeurs du calme le feu des plus violentes passions, espèce d'aventurier intrigant dont la position pécuniaire et sociale avait tout à coup subi un accroissement rapide sans qu'on pût trop s'expliquer comment, mais dont le caractère au fond était toujours resté le même, c'est-à-dire dissimulé, vindicatif, haineux, envieux et jaloux à l'excès, plus porté vers le mal que vers le bien qu'il ne faisait jamais que par calcul.

D'un naturel doux, ouvert et modeste, orné de toutes les qualités solides qu'un père pourrait souhaiter dans son fils, affable avec les étrangers, dévoué et plein de cœur pour ses amis, Henri W..., au contraire était, je le répète, un des jeunes gens les plus accomplis que je sache. Comme physique, c'était sans doute au premier aspect une autre nature d'homme que Richard, plus grêle, moins développée, d'apparence et de mine plus chétives ; mais peut-être cette infériorité même tournait-elle à son avantage, tant il était bien pris dans sa taille, tant il y avait d'expression dans son regard plein de feu, de noblesse et de dignité dans la pâleur de

coutume, je lui répondis en souriant qu'il était impossible d'être mieux et que je ne connaissais pour
ma part qu'une seule fille au monde qui méritât
d'être sa femme.

La semaine suivante M. Henri W.... revint à la
maison; deux jours après il s'y présenta encore.
Bientôt enfin ce ne fut plus de Melun à la ferme et de
la ferme à Melun qu'une suite non interrompue de
promenades, M. Émery se prenant de plus en plus
d'amitié et pour le père et pour le fils, et n'étant
pas homme à rester en arrière une fois qu'il s'agissait de rendre une honnêteté ou une politesse. Au
bout de deux mois, je crois, mamzelle Thérèse et
M. Henri étaient assis là, un soir, occupés à pêcher
au bord de cette mare, et je vous laisse à penser si
plus d'un poisson mordait à leur ligne sans être
pris, quand M. Émery me pria d'aller chercher
Richard qui était arrivé le matin même de Crécy et
qui, trouvant là le fils du lieutenant civil, avait prétexté la fatigue pour s'enfermer dans sa chambre.
Il descendit, fit en passant un salut froid à sa cousine et ne jeta les yeux sur Henri W.... qu'au moment où, masqué par les saules qui entouraient
cette espèce de vivier, il montait les premiers degrés de la ferme. Son visage, que j'aperçus en ce
moment, était horriblement décomposé et son regard me fit peur.

« Richard, lui dit son oncle lorsque je fus passée

liarité à l'égard de ses subordonnés, affable et obligeant pour tous, et assez séduisant de sa personne pour prétendre, comme gendre, à l'union de nos plus riches familles. Hélas! pourquoi faut-il que nous l'ayons connu? pourquoi le hasard ou plutôt sa mauvaise étoile le conduisirent-ils jusqu'ici, dans cette maison, et s'y éprit-il pour mamzelle Thérèse qui, au reste, le méritait bien, la pauvre enfant! d'une passion dont les résultats devaient leur être à tous deux si funestes?

Je vis naître cet amour, monsieur, j'en suivis les progrès pas à pas, jour par jour; je dirai mieux, je l'aidai, je l'encourageai même.... Oh! si j'eusse pu prévoir alors par combien de larmes j'expierais un jour ma coupable faiblesse; comme je l'aurais pris par la main ce malheureux jeune homme lorsqu'il se présenta sur ce seuil, comme je lui aurais dit : Arrière, insensé! que venez-vous faire ici? ne voyez-vous pas que le pied vous glisse, ne sentez-vous pas partout dans ces murs une vapeur de meurtre et de sang? Mais non, aussi aveugle que lui, je ne vis rien, je ne voulus rien voir, et quand, le soir du premier jour qu'il passa parmi nous, mamzelle Thérèse, dans la simplicité naïve d'un cœur qui ne sait rien cacher, me demanda tout bas, après son départ, comment je trouvais ce jeune étranger, tandis que Richard, les lèvres pâles et contractées, nous observait, plus sombre que de coutume, je lui répondis en souriant qu'il était impossible d'être mieux et que je ne connaissais pour ma part qu'une seule fille au monde qui méritât d'être sa femme.

La semaine suivante M. Henri W.... revint à la maison; deux jours après il s'y présenta encore. Bientôt enfin ce ne fut plus de Melun à la ferme et de la ferme à Melun qu'une suite non interrompue de promenades, M. Émery se prenant de plus en plus d'amitié et pour le père et pour le fils, et n'étant pas homme à rester en arrière une fois qu'il s'agissait de rendre une honnêteté ou une politesse. Au bout de deux mois, je crois, mamzelle Thérèse et M. Henri étaient assis là, un soir, occupés à pêcher au bord de cette mare, et je vous laisse à penser si plus d'un poisson mordait à leur ligne sans être pris, quand M. Émery me pria d'aller chercher Richard qui était arrivé le matin même de Crécy et qui, trouvant là le fils du lieutenant civil, avait prétexté la fatigue pour s'enfermer dans sa chambre. Il descendit, fit en passant un salut froid à sa cousine et ne jeta les yeux sur Henri W.... qu'au moment où, masqué par les saules qui entouraient cette espèce de vivier, il montait les premiers degrés de la ferme. Son visage, que j'aperçus en ce moment, était horriblement décomposé et son regard me fit peur.

« Richard, lui dit son oncle lorsque je fus passée

dans la pièce de vos [illegible] je pourrais facilement vous apprendre. D'abord vous êtes un [illegible] avez [illegible] la raison qu'un autre. J'ai vous dis [illegible] [illegible] qu'un jour d'argent [illegible] ne serait pas un [illegible] suffisant entre Thérèse et vous, je veux je ne souhaite à cela passer mil [illegible] [illegible] le bonheur et l'avenir de ma fille. J'ai laissé Thérèse libre dans sa [illegible] il y a un an ou deux. Je le sais si elle ne pensait pas trop éloigner du bon [illegible] pour une femme; mais depuis, et surtout à [illegible] de la mort de ce pauvre M. [illegible]. j'ignore ce qui s'est passé en elle, si elle vous en a [illegible] comme dans d'autres de la [illegible] [illegible] que vous [illegible] [illegible] [illegible] vous en voulant si peu pour les [illegible] de garde, [illegible] est-il qu'il a [illegible] [illegible] vous quelque grand secret, et que son [illegible] à [illegible] on peut appeler [illegible] [illegible] d'une enfant, s'est [illegible] vous à [illegible] et cela [illegible] une façon [illegible] la. Aujourd'hui un parti nouveau se présente pour elle: un jeune homme bien né, [illegible] nous devons la connaissance au hasard, ou pour mieux dire, Richard, à vous-même qui l'avez d'abord accueilli et qui semblez ne plus le [illegible] à présent. Il me fait l'honneur de demander sa main. Il me convient sous tous les rapports. Il a de [illegible]. De la [illegible], il aime ma fille. Il est aimé d'elle. Je vous

en fais juge vous-même, pensez-vous qu'il soit dans
le rôle d'un père de refuser de tels avantages?...»
Il y eut ici une pause, un moment de silence ; enfin
un non bien sec se fit entendre, c'était le désiste-
ment de Richard.

« Bien, très-bien, reprit M. Émery, qui n'avait
pas sans doute remarqué comme moi le ton étrange
de son neveu ; je vois que je n'avais pas affaire à un
ingrat ; vous ne voulez pas affliger ma vieillesse,
n'est-ce pas? vous vous rappelez que je suis le frère
de votre pauvre mère Marianne, que j'ai élevé votre
enfance ; que si vous êtes quelque chose aujour-
d'hui, c'est en partie à moi que vous le devez, à moi
qui vous ai recueilli orphelin et qui vous ai soutenu,
comme un père soutient son fils, durant les jours
nécessiteux de votre jeunesse. Merci, Richard,
merci! ma tendresse vous récompensera du cruel
effort que vous faites ; mais voyons, mon ami, ac-
complissez le sacrifice jusqu'au bout, ne soyez pas
généreux à demi : écoutez, c'est dans huit jours
qu'aura lieu irrévocablement le mariage de votre
cousine ; eh bien! au lieu de vous tenir à l'écart, de
nous fuir comme un rival, comme un homme ir-
rité et jaloux, en proie à tous les tourments de ce
sentiment bas que l'on appelle l'envie, soyez ce que
vous devez être, un parent, mieux encore un ami ;
venez franchement au-devant de nos vœux, ne lais-
sez pas usurper par d'autres un rôle qui vous ap-

partient et qu'il sera si noble à vous de remplir; en
un mot, assistez au mariage de Thérèse, et tendant
le premier la main à ce bon Henri W…. que votre
froideur afflige, dites-lui que vous réclamez l'honneur d'être ce jour-là son premier garçon de noce.

— Je le ferai, fit une voix brève concentrée par
le dépit et par la rage, non pas demain, mais aujourd'hui, à l'instant même; et comme j'entendis
au même moment repousser violemment un siége,
je me mis à la fenêtre, pensant bien que Richard
allait sortir, et je l'aperçus en effet qui, suivi de son
oncle, franchissait brusquement l'escalier du per-
ron et s'avançait d'un pas ferme et décidé au-devant
de ma jeune maîtresse.

— Cousin, dit-il en abordant M. Henri qui s'était
levé à son approche, et qui semblait plus embarrassé de sa contenance que lui, permettez que je
vous félicite; mon oncle vient de m'apprendre une
grande nouvelle qui ne m'a point surpris, c'est que
dans huit jours vous allez devenir l'heureux époux
de sa fille. Si, tant que cette union n'a point été déci-
dée, j'ai pu être jaloux d'un bonheur que bien d'autres eussent envié comme moi, aujourd'hui que
c'est une chose arrêtée, j'oublie que nous fûmes rivaux et je ne veux plus être que votre ami. »

Tout cela se fit si rapidement, et il y avait alors
dans l'accent composé de Richard un tel mélange
de duplicité, de franchise et d'ironie, qu'au pre-

mier moment je ne sus qu'en penser moi-même.
Quant à M. Henri, étourdi par ce langage tout nouveau, il s'y laissa prendre dans l'instant, et je le vis,
serrant cordialement la main qu'on lui tendait,
s'efforcer d'exprimer avec toute l'effusion d'un
cœur reconnaissant combien il était sensible à une
semblable démarche.

« Et vous, Thérèse, vous ne me dites donc rien?
reprit Richard d'un air de reproche en s'adressant
à sa jolie cousine qui, fixant sur lui son grand œil
bleu, l'avait écouté sérieuse comme si elle eût pesé
attentivement chacune de ses paroles. Pourquoi me
regarder ainsi? est-ce que par hasard vous m'en
voudriez de n'avoir pas mieux disputé votre main?
Ce serait, je l'avoue, pousser un peu loin la coquet-
terie féminine. Allons, prouvez-moi comme votre
futur que vous ne me gardez pas rancune. Demain
nous avons en forêt une superbe partie de chasse.
Il ne s'agit rien moins que de traquer ce loup cer-
vier échappé d'une ménagerie à la dernière fête de
Mormant, et qui depuis six mois a causé en Brie
tant de ravages. Il y a deux jours les feuilles publiques signalaient encore sa présence aux environs
de Melun dans le buisson de Massoury qu'il avait,
dit-on, choisi pour retraite ; mais ou les feuilles
publiques étaient mal informées, ou depuis l'animal a fait du chemin, car avant-hier, en plein jour,
il dévorait un homme au bois de Jouy, et, la nuit

suivante, entrait par la Houssaye dans la forêt de Crécy, que pour la première fois il visite. Ce matin je l'ai moi-même rembûché dans les fonds de la Croix-de-Tigeaux, à l'entrée d'un fort impénétrable. Faites-moi l'amitié, cousine, de venir, vous, mon oncle et M. Henri, assister à cette attaque merveilleuse et nouvelle : c'est une expédition importante qui attirera plus d'un curieux ; il y a mille écus à gagner, ni plus ni moins, pour l'heureux chasseur qui délivrera la contrée de ce monstre, et, pour peu que vous me soyez en aide, le grand saint Hubert et vous, ajouta-t-il en faisant un sourire galant, que je perde mon nom de *Tueur de loups* si c'est à un autre que cette récompense appartienne ! »

Là-dessus, s'élançant en selle sur *Milan*, son cheval de chasse, qui, reconnaissant la voix de son maître, était sorti tout bridé de l'écurie voisine, il fit un salut gracieux sans attendre la réponse de personne, et enfonçant vigoureusement l'éperon dans le flanc de son coursier : « A demain, s'écria-t-il au moment où il franchissait au galop le seuil de la porte ; le rendez-vous de chasse est à huit heures, à la *Maison noire*. »

Le lendemain de grand matin, bien avant que le soleil ne fût levé, à l'heure où tout s'éveille dans la nature endormie, où la brise fraîche de la nuit se joue encore sous la feuillée, tandis que chaque goutte de rosée brille comme autant de perles sur

le moindre brin d'herbe de la prairie, une cavalcade gagnait la forêt au petit trot par le chemin de
Villeneuve-Saint-Denis, et cette cavalcade se composait de quatre personnes : de M. Émery et de
M. Henri, qui ouvraient la marche; puis de ma
jeune maîtresse et de moi, qui venions après, réglant l'amble de nos bidets sur l'allure plus allon-
gée de leurs grands chevaux normands.

L'invitation de Richard avait été, comme vous
pensez, le sujet de graves conférences : à peine s'é-
tait-il éloigné la veille, sans laisser à ses interlocuteurs le temps de se reconnaître, que chacun d'eux,
dans un premier moment de surprise, avait d'abord
paru s'interroger en silence; puis étaient venues
en foule mille réflexions diverses, auxquelles un
départ si brusque ne laissait pas d'ouvrir un champ
assez vaste, malgré l'apparente sincérité de la réconciliation qui l'avait précédé; et enfin ce n'était
que fort tard dans la soirée qu'on avait résolu de se
rendre à la *Maison noire*, contre l'avis de mamzelle
Thérèse, qui témoignait pour ce déplacement une
répugnance visible.

Aussi notre voyage se ressentit-il tout le temps
de ces fâcheuses impressions : il fut ennuyeux et
monotone; et pour qui nous eût rencontrés che-
vauchant ainsi sur la route, à distance les uns des
autres, n'ouvrant la bouche le plus souvent que pour
hâter le pas de nos montures, il eût été difficile de

dire quel était le but de notre excursion, si nous nous rendions à une partie de plaisir ou à une grave assemblée de famille.

Lorsque nous eûmes quitté le sentier fleuri qui traverse les prés, laissant à notre droite les dernières maisons de la Dénicherie, et que, longeant les bords du rû dont la forêt s'entoure du même côté comme d'une vaste ceinture, nous fûmes entrés par l'Arche aux couleuvres sous les avenues plus sombres de ces grands bois, nous ne tardâmes pas à subir l'influence des lieux et à devenir, s'il était possible, encore plus soucieux et plus tristes. L'aspect de ces hautes futaies, dont les premiers rayons du soleil éclairaient à peine quelques parties, tandis que toute la masse restait plongée dans une obscurité complète; le frémissement des feuilles agitées par le vent, le chant plaintif du ramier, tout ce murmure confus de voix inconnues et étranges qui semblent parler au sein de la forêt; ce bruit mystérieux d'eaux qui coulent, d'animaux qui s'appellent, d'insectes qui bruissent sous l'herbe, achevèrent bientôt de nous plonger dans une mélancolie profonde, que l'amabilité de M. Henri s'efforça en vain de combattre, et qui fut loin de se dissiper, lorsqu'après trois heures de marche nous atteignîmes enfin la demeure qu'habitait Richard.

C'est à moitié chemin, entre Neufmoutiers et Mortcerf, dans l'endroit le plus désert de tout Crécy,

et à près de deux lieues de distance de la moindre
masure, que s'élevait alors la *Maison noire*, dont il
ne reste pour tout vestige aujourd'hui que les anciens fossés pleins d'eau qui en défendaient l'entrée.
C'était autrefois un couvent appartenant à je ne
sais plus quel ordre de religieux, qui étaient venus,
dit-on, s'établir en ce lieu pour offrir un asile aux
voyageurs égarés, et les préserver des fâcheuses
rencontres auxquelles ils se seraient exposés en
s'attardant le soir dans la forêt. Mais, comme on
dit, il n'y a que la foi qui sauve, car Dieu me pardonne si, pour mon compte particulier, je n'y eusse
pas regardé à deux fois avant de me hasarder à
soulever l'énorme marteau qui décorait la petite
porte en bois de chêne par où l'on pénétrait dans
la poterne. Rien qu'à voir ce vieux bâtiment isolé
de toute autre demeure, et que protégeait un triple
rempart d'arbres, de fossés et de murailles; cette
voûte humide et sombre sous laquelle on n'avait
accès que par une espèce de pont-levis, dont la herse
de fer s'élevait ou s'abaissait à volonté, ainsi que
dans une véritable forteresse, il m'eût semblé, je
crois, m'adresser plutôt à un repaire de brigands
qu'à une pacifique communauté de moines; et véritablement il fallait avoir le diable au corps, comme
ce damné Richard Schwartz, cette nature inexplicable et fantasque, ce caractère sauvage, ennemi
de toute société, pour être venu ainsi s'enterrer tout

vivant au milieu de ce monastère à demi ruiné, qui, après avoir vingt fois changé de maître, était enfin devenu, par suite des événements, un simple rendez-vous de chasse, destiné à loger, dans l'occasion, les équipages du duc de Penthièvre.

Une fanfare, répétée au loin par les échos du lieu, annonça notre arrivée comme huit heures sonnaient avec un tintement lugubre à l'horloge d'une antique chapelle; et nous n'avions pas encore mis pied à terre que Richard, en grand uniforme de lieutenant des chasses : justaucorps de drap vert foncé brodé d'argent, culotte collante en peau de daim, bottes à l'écuyère, couteau à manche d'ivoire au côté, et chapeau galonné sous le bras, s'avançait à notre rencontre pour présenter la main à sa cousine. Soit qu'il fût dans un jour de bonne humeur, soit que son amour-propre se trouvât flatté de ce que nous fussions venus assister à une partie dont il se promettait sans doute tous les honneurs, son air était plus riant et sa physionomie moins rembrunie que de coutume.

« Par saint André, le patron du logis, nous dit-il en nous saluant tous les quatre, soyez les bien-venus, mes aimables hôtes, le déjeuner n'attend plus que vous. » Et aussitôt, s'emparant sans plus de façon du bras de mamzelle Thérèse, et nous servant lui-même de guide à travers un long corridor qui n'en finissait plus, il nous introduisit dans une immense

salle basse où se trouvaient déjà réunis une trentaine de joyeux convives. C'étaient, à l'exception de
quelques chasseurs attachés aux maîtrises ou aux
capitaineries voisines, les principaux gardes d'Armainvilliers et de Crécy, tous amis et compagnons
de Richard, attirés à cette partie de chasse plutôt
encore par la nouveauté du fait que par l'appât d'une
riche récompense, et moins disposés à disputer un
prix dont la plupart faisaient d'avance l'abandon à la
supériorité reconnue de leur chef, qu'à se soumettre
à ses moindres instructions et à l'aider en aveugles
dans l'exécution du plan de campagne qu'il leur avait
tracé le matin même. Bien que nombre d'années se
soient écoulées depuis ce temps, vous n'êtes pas sans
doute, pour peu que vous fréquentiez le pays, sans
avoir ouï parler de quelques-uns d'entre eux :

De Guillaume et de Jacques Leroux, par exemple,
les deux piqueurs de M. d'Atremblay et les meilleurs sonneurs de trompe de la contrée; de Claude
Babœuf d'Ozouer, ce garde à cheval si prodigieuse-
ment fort, qu'arrivant un jour sans armes au moment où un ragot venait d'éventrer deux de ses
chiens, il l'étendit mort à ses pieds d'un seul coup
de poing entre les deux écoutes; d'Eustache Bau-
lant de Ponteaux, devenu, de simple braconnier, le
garde le plus rigide de la Brie, le même qui fut tué
trois ans plus tard par un des complices de ses premiers exploits; de Louis Saussey, le brigadier de

l'abbaye d'Hermières; de Jérome Bultot de Pont-carré, le veneur le plus expert après Richard, et l'homme le plus habile dans un hallali à couper les jarrets d'un cerf.

Eh bien! tous ceux-là s'y trouvaient, sans compter Pierre Gaucher de la Houssaye, ainsi surnommé parce qu'il était privé de son bras droit, ce qui ne l'empêchait pas d'être un des bons tireurs de la province; Antoine Mazières, Victor Granger, beaucoup d'autres encore dont les noms ne me reviennent pas pour l'instant; et vous pouvez juger d'après cela si c'était une belle assemblée.

Quand nous arrivâmes dans cette salle ou plutôt dans ce vaste réfectoire, car c'était jadis celui du couvent, il y régnait un bruit à ne pas s'entendre. Tous ces hommes riaient, causaient, discutaient ensemble : les uns racontant leurs exploits, les autres admirant, soit les grands bois d'un vieux dix-çors, soit les squelettes décharnés de vingt têtes de loups, glorieux trophées des hauts faits de Richard, symétriquement rangés au-dessus de chaque panneau en boiserie. Mais à notre entrée, toute conversation particulière cessa; bientôt même ce ne fut plus qu'un murmure d'approbation générale, lorsque mamzelle Thérèse, qu'embellissait encore un embarras secret, eut traversé la foule qui s'ouvrait devant ses pas, et se fut assise, conduite par son cousin, à la place d'honneur réservée pour elle. Et de

fait, c'était un joli coup d'œil à contempler que cette
gracieuse figure de jeune fille au milieu de tous ces
mâles visages, en face de ces faisceaux d'armes, de
ces antiques épieux, de ces trompes de chasse sus-
pendues au cou d'un saint de bois, nouveau piqueur
aux joues enflées et rebondies, à la lumière de ces
vitraux armoriés, dont la douce clarté reposait
agréablement la vue.

Je ne vous décrirai point le repas, auquel je fis
moins attention qu'à tout le reste. Tout ce dont je
me souviens, c'est qu'il était servi avec une élégante
profusion, et que le gibier de la forêt, qui en faisait
naturellement les principaux frais, ne s'y trouvait
point épargné. Il y avait surtout, parmi tous les pâtés
et les nombreuses pièces de venaison dont la table
était surchargée, la hure d'un sanglier énorme qui
excita longtemps l'admiration des convives, et qui
valut à Richard une ample moisson d'éloges, en lui
fournissant l'occasion de raconter longuement, après
combien de fatigues et de périlleux obstacles, il était
enfin parvenu, quelques jours avant, au bout de
trois heures de chasse, à abattre d'un seul coup ce
formidable animal.

Comme l'on était au dessert, au moment où pour
la troisième fois chacun vidait son verre sous l'in-
vocation du patron des chasseurs, le bruit lointain
d'un cor se fit entendre, et ce fut miracle de voir
quel changement soudain s'opéra sur toutes ces phy-

sionomies, et quel silence religieux succéda tout à coup aux rires bruyants de l'assemblée.

Tous les yeux se portèrent sur Richard.

« Qu'est-ce? fit-il en se levant précipitamment pour ouvrir une fenêtre sur la forêt; on dirait un appel. »

Et comme d'autres sons, cette fois plus éclatants et plus rapprochés, retentissaient de nouveau :

« Oui, je ne me trompe pas, ajouta-t-il, c'est un appel, et, qui plus est, un appel forcé, car il est sonné sur le grêle. Allons, lestes, messieurs, en selle! et un temps de galop jusqu'au fond du carrefour du Ponceau, où est rembûchée notre bête. Gare à ce maladroit de Brulart, que j'ai placé aux brisées; s'il a commis quelque bévue, je lui ferai payer cher ses sottises!

— Et que ferez-vous au loup, notre maître? demanda d'un ton goguenard Brulart lui-même, qui descendait de cheval et qui entra au même instant dans la salle, tout couvert de sueur et de poussière. Pensiez-vous donc bonnement qu'il était d'humeur à jeûner pendant que vous autres vous vous oublieriez à table?

— Que veux-tu dire? fit Richard....

— Que l'animal est sur pied, continua le piqueur, et que s'il court toujours, il faudra, au train dont il va, que vos chevaux aient du fonds pour le joindre. »

Chacun se regarda en silence, le désappointement peint sur la figure.

« Où débûche-t-il? reprit Richard un peu déconcerté lui-même.... sur la Houssaye, sans doute, la tête tournée vers nos relais?

— Ah! bien oui, je vous le donne en mille. Parce qu'il est entré de ce côté en forêt, vous vous imaginiez qu'il reprendrait sa route, n'est-ce pas? eh bien! votre serviteur; cette fois vous avez compté sans votre hôte. En voilà un malin qui vous donnera du fil à retordre : il saute un fossé entre la Vente et le Taillis, et il perce droit sur la Borne-Blanche.

— Malédiction! sur la Borne-Blanche! juste à l'opposé de la Croix-de-Tigeaux et de nos trois hardes de chiens. Mais où va-t-il par là, ce monstre, où va-t-il?

— Peut-être aux bois du Roi, fit l'un.

— Plutôt à Armainvilliers par l'étang de Mantegris, ou par le détroit d'Hermières, dit un autre.

— S'est-il déchaussé? redemanda Richard visiblement fort inquiet, et qui s'était tu quelques instants comme pour se consulter en lui-même.

— Déchaussé, répondit en riant Brulart, il a, ma foi, de trop bonnes semelles pour les quitter. Imaginez-vous que comme j'étais à mon carrefour à vous attendre, soit qu'il ait entendu quelque bruit, soit qu'il ait éventé mon limier, je l'ai aperçu tout à coup qui venait baiser le bord de la route. Immobile comme le poteau au pied duquel j'étais assis, je n'ai pas fait un seul mouvement. Mais bah! il a franchi le chemin d'un seul bond, et en un clin d'œil, je l'ai vu traverser ainsi quatre enceintes sans s'arrêter une seule fois, et détalant comme s'il avait eu à ses trousses nos quatre grands lévriers d'Écosse.

— Victoire! mes amis, victoire! s'écria Richard, auquel ce dernier rapport du piqueur rendait un peu d'espérance. Un animal qui va ainsi fuyant ne prend jamais un grand parti, et si vous voulez m'en croire, il ne sera pas dit que la bête de Mormant nous aura fait faire buisson creux. »

Disant ces mots il sortit, et tous s'empressèrent de le suivre. Arrivé dans la cour, il appela le valet de chiens de service.

« Que nous reste-t-il au chenil? lui dit-il.

— Mais rien, notre maître, rien.... Tout l'équipage est dehors, comme vous le savez; les chiens d'attaque au Ponceau, la vieille meute à la route Royale, et le deuxième relais....

— Il s'agit bien de cela, morbleu! Comment, les six chiens d'élite de M. le duc, ceux qui lui viennent de la Vénerie de Versailles, et dont il a défendu de se servir sans lui....

— Ah! pour ceux-là, mon lieutenant, ils sont ici....

— Qu'on les couple à l'instant, ajouta Richard, et

qu'on me les mène dans un fourgon jusqu'à l'embranchement de la vieille route de Crécy. »

Puis, se tournant vers les camarades :

« A cheval, messieurs, leur dit-il, à cheval ; il ne nous reste plus qu'une ressource : l'animal, qui s'est levé d'effroi, n'a certainement pas été loin. Essayons de gagner les grands devants, et si nous en revoyons avant une heure, ce sera à notre tour de lui tailler des croupières. »

En une minute, hommes, chiens, chevaux, chacun fut prêt : une fanfare annonça le départ de la troupe, qui défila, Richard en tête, sous la poterne, et bientôt il ne resta plus dans la cour de la *Maison noire* que deux cavaliers, M. Henri W..., et son futur beau-père.

« Eh bien! Henri, que dites-vous de tous ces bruyants chasseurs? demanda ma jeune maîtresse en regardant son prétendu d'un air de complaisance.

— Que c'est une société bien moins aimable que la vôtre, répliqua notre galant jeune homme, et que si je ne consultais que mon goût, j'aimerais bien mieux rester avec vous que d'aller perdre mon temps en pareille compagnie.

— Vous ne tenez donc pas à obtenir le prix?

— Quel prix? les mille écus de prime promis pour la tête de cette bête?...

— Sans doute.

— Mais si vraiment, beaucoup.... pour peu que vous désiriez que je l'obtienne.

— Ah! ah! fit la capricieuse jeune fille, agréablement flattée de cette réponse chevaleresque, voilà un zèle bien beau ; seulement je ne le mettrai pas à l'épreuve, car je craindrais qu'il ne fût stérile. »

Puis, laissant à l'amour-propre de son futur le temps de se piquer un peu :

« Vous savez bien ce qu'a dit mon cousin Richard, continua-t-elle malicieusement, qu'il consentait à perdre son nom de *Tueur de loups*, plutôt que de laisser la récompense promise à un autre. Or, que pouvez-vous espérer après un si rude jouteur, vous, pauvre chasseur apprenti, à peine initié au maniement des armes? Tenez, croyez-moi, ôtez de vos fontes cette lourde carabine. Je ne demanderais pas mieux que de vous voir vainqueur, mais....

— Mais.... mais.... sérieusement y tenez-vous? » repartit l'impatient jeune homme.

Et comme mamzelle Thérèse lui répondait affirmativement par un signe de tête :

« Allons, beau-père, dit-il en se tournant vers M. Émery, puisque votre fille le veut, venez me voir conquérir mes éperons. »

Et ils s'éloignèrent tous deux, en riant, par le chemin qu'avaient pris tous les autres.

Nous les suivîmes longtemps des yeux ; mais bientôt ils furent hors de notre vue, sans sortir pour cela de notre pensée, et insensiblement, tout en causant entre nous de choses et d'autres, de ces mille riens qui font la conversation ordinaire de deux jeunes filles, nous nous enfonçâmes tellement dans la forêt, que nous éprouvâmes le besoin de nous asseoir et de nous abriter contre la chaleur accablante du jour.

L'endroit où nous nous trouvions à ce moment semblait merveilleusement choisi : au pied d'un bouquet d'arbres qui couronnaient un vieux rocher fort élevé, s'ouvrait une espèce de grotte tapissée de lierre et de verdure, dont l'entrée, beaucoup trop étroite d'abord pour livrer passage à deux personnes de front, s'élargissait ensuite peu à peu et aboutissait à une excavation demi circulaire, du milieu de laquelle s'échappait en un mince filet une petite source d'eau vive. La fraîcheur du lieu, placé à quarante pieds au moins au-dessous du sol, et mystérieusement éclairé d'en haut par une fissure du roc, le siége tout naturel que nous offrait au fond un banc de pierres recouvert de gazon et de mousse; que sais-je? l'opportunité même de la rencontre, tout nous engageait à nous reposer quelques instants sous cette voûte solitaire et tranquille. Nous nous y assîmes toutes deux, mamzelle Thérèse et moi, rassurées par la présence de Max, gros chien de ferme qui nous avait suivies depuis la maison, et qui se coucha lui-même à nos pieds.... Mais à peine avions-nous goûté la paix de ce charmant asile, que tout à coup un bruit étrange, alarmant, se fit entendre au-dessus de nos têtes : un grognement sourd de notre mâtin qui s'élança dehors, le poil hérissé et l'œil en feu, nous annonça la présence de quelque danger. Je me levai et je sortis pour m'expliquer la cause de cette alerte; mais jugez de mon saisissement, de ma terreur, quand au moment où je tournais le rocher d'un côté j'aperçus de l'autre un animal énorme qui se précipitait tête baissée dans la caverne, précédé par le chien battant en retraite.

Je n'eus pas le temps de pousser un cri qu'un cri plus affreux, plus déchirant me répondit : c'était la voix de Thérèse prisonnière, à laquelle il ne restait aucune issue pour fuir et qui venait de s'évanouir à l'aspect effroyable du monstre. Sa position était terrible; mais je n'en connaissais pas encore toute l'horreur; et je ne compris bien son péril que lorsque le bruit des trompes et les aboiements de toute une meute ardente, m'annoncèrent quel était l'ennemi qui se trouvait si près d'elle.

Le loup de Mormant, monsieur, un loup blessé, poursuivi, furieux; une seconde bête du Gévaudan enfin, un animal féroce qui, dans l'espace de deux mois, avait dévoré vingt personnes, renfermé dans un étroit espace de quelques pieds, face à face avec une faible jeune fille !

Je crus ma pauvre maîtresse perdue, surtout
quand je me vis moi-même entourée par une multitude de chiens altérés de sang, ne connaissant
plus aucun frein, pas même la voix de leur maître,
et qui, sans un prompt secours, allaient, à défaut
d'autre proie, me mettre en lambeaux la première.

Enfin Richard et M. Henry arrivèrent se disputant la tête de l'équipage, puis à leur suite tous les
autres chasseurs, séparés par plus ou moins de
distance; mais telle était ma frayeur que je n'eus
pas la force de parler, et que ce fut tout au plus si
je pus expliquer par signes à M. Émery la situation
critique où se trouvait sa fille.

En un instant tous furent descendus de cheval;
on écarta à grands coups de fouet les chiens qui
hurlaient autour de la grotte, sans qu'aucun d'eux
osât y pénétrer, et alors s'offrit aux yeux le plus
épouvantable spectacle : au fond de la voûte gisait
mamzelle Thérèse privée de sentiment, la tête à
moitié soutenue par le banc de pierre sur lequel
nous étions assises quelques minutes avant ; à deux
pieds d'elles était acculé Max, son intrépide défen-
seur, grinçant des dents et contenant en arrêt le
loup prêt à fondre sur elle. Il n'y avait plus un moment à perdre. Que le chien reculât d'un pas, qu'il
se laissât fasciner par son ennemi dont les yeux
flamboyants le dévoraient d'avance, c'en était fait
des jours de la malheureuse enfant; et pour com-

ble de malheur, telle était la position des trois ac-
teurs de ce drame, placés tous sur une seule ligne,
qu'il était impossible, même au tireur le plus habile, de faire usage d'une arme à feu : quelque sûre
que fût sa main, tirant presque à bout portant, il
risquait de tuer l'un en visant l'autre; il n'y avait
qu'un moyen, mais un moyen effrayant, terrible,
c'était d'entrer dans la caverne et de lutter corps à
corps avec l'animal au milieu de ce passage difficile,
où l'on avait à peine la liberté de faire un mouvement.

« Ma fortune à qui sauvera ma fille! s'écria
M. Émery dans le plus violent désespoir; ma fortune, à qui l'arrachera de cet antre! »

Mais tous se regardaient pétrifiés, sans qu'aucun
d'eux, sans que M. Henri, sans que Claude Babœuf,
cet homme si fort, si courageux, se proposât pour
l'entreprendre; et le pauvre père qui s'arrachait les
cheveux de douleur, avait à peine la force de répéter d'une voix mourante :

« Ma fille! mon enfant! rendez-moi ma fille!

— Si je la sauve, me donnerez-vous sa main? »
dit enfin Richard, spéculant froidement sur la tendresse du vieillard, et marchandant la vie de sa cousine.

M. Émery balança un moment, cherchant Henri
des yeux, Henri son autre enfant, Henri le fiancé
de Thérèse, l'orgueil et l'espoir de sa vieillesse. Mais

il eut beau faire, promener ses regards inquiets parmi tous ces visages, Henri n'y était plus, Henri avait disparu.

Cependant le temps pressait, et un rugissement sourd semblable au bruit lointain du tonnerre, commençait à gronder sous la voûte.

« Me donnez-vous sa main, reprit de nouveau l'impitoyable Richard, qui vit l'atroce anxiété du vieillard, à moi qui vais exposer ma vie pour elle pendant qu'un lâche l'abandonne!...

— Oui.... » répondit le malheureux père, et il n'avait pas fini que, tirant son couteau de chasse, le lieutenant se précipita vers la caverne.

Mais, ô surprise! à peine en touchait-il l'entrée, qu'une détonation violente l'ébranla jusque dans ses fondements, et qu'un moment après, un homme en sortit au milieu d'un nuage épais de fumée tenant sa carabine d'une main, et portant sur son épaule mamzelle Thérèse toujours sans connaissance.

C'était Henri W.... lui-même, qui, pendant qu'on l'accusait de lâcheté, venait comme par miracle d'arracher sa fiancée à une mort horrible et certaine.

Tandis que les autres perdaient un temps précieux en délibérations inutiles, il avait agi, lui, avec tout le dévouement d'un cœur qui aime. Il était monté sur le faîte du rocher; il avait aperçu la fente

par laquelle le jour pénétrait dans l'intérieur de la
grotte, et attachant la bride d'un des chevaux aux
racines des arbres qui croissaient sur le roc, il s'é-
tait laissé glisser à l'aide de cette courroie jusqu'au
fond de l'abîme, traçant une route sanglante à travers les parois aiguës de cet étroit soupirail, sur le
point vingt fois de se fracasser le crâne, mais trop
heureux encore de risquer si peu pour sauver les
jours de sa future.

On le reçut avec des applaudissements unanimes,
et quand mamzelle Thérèse ouvrit les yeux, rappe-
lée à l'existence par les tendres soins dont on l'en-
toura, les premiers regards qu'elle rencontra furent
ceux de son prétendu, auquel elle ne comprit combien elle était redevable, qu'en apercevant Max qui
léchait ses mains ensanglantées, tandis qu'on apportait plus loin le corps palpitant du monstre.

M. Émery, dont la reconnaissance égalait le bonheur, voulut qu'on dépouillât le loup sur place, pour
mieux fêter par un joyeux hallali le triomphe du li-
bérateur de sa fille, et ce fut avec une joie d'enfant
qui se venge, qu'il se plut à aider à séparer du
tronc cette tête encore hideuse et menaçante.

« Tenez, dit Claude Babœuf à M. Henri, voici la
balle qui a tué le paroissien. Elle était bien placée,
ma foi, mais il n'en fallait pas moins pour faire passer le goût du pain à cet avaleur de chair humaine. »

A ces mots chacun frémit involontairement, car

chacun se rappela alors combien de victimes avaient succombé en peu de temps sous la dent meurtrière de cet animal féroce, et ce fut pour M. Henri un nouveau sujet de félicitations honorables.

« Voilà un beau coup, disait Jérôme Bultot....

— Ce sont mille écus bien gagnés, » disait Jacques Leroux, tandis que son frère Guillaume s'époumonait à sonner du gros ton à pleine trompe; enfin chacun plaçait son mot à sa manière, et toujours à la louange de l'heureux vainqueur.

« Mes amis, s'écria le généreux jeune homme, en prenant par la main Thérèse qui se leva, vous partagerez la somme en mon honneur, je vous l'abandonne : quant à moi, et il montrait sa fiancée, voici ma plus douce récompense; » puis reprenant le chemin de la maison, il se disposa à se mettre en route pour échapper à leurs acclamations.

En ce moment Richard, qui s'était tenu à l'écart durant toute cette scène, s'approcha de lui et le prit à part :

« Décidément, monsieur, lui dit-il à voix basse avec une amère ironie, décidément le sort vous favorise : voilà deux belles parties que vous me gagnez coup sur coup; ma maîtresse d'abord, et ma réputation ensuite.... Mais prenez garde : si jusqu'ici vous avez joué avec un insolent bonheur, rappelez-vous qu'il n'est joueur si malheureux qui n'ait tôt ou tard sa revanche. »

A huit jours de là, le samedi 12 août 1787, c'était fête à la ferme : car le matin même, à dix heures, avait été célébrée dans l'église paroissiale de Jossigny, en présence d'une assistance nombreuse et choisie, l'union du fils du lieutenant civil de Melun avec la fille de M. Émery, le fermier. La cérémonie fut simple et touchante : jeunes, beaux, bien faits, s'aimant de l'amour le plus tendre, les deux époux formaient un de ces couples heureusement assortis qu'on ne rencontre guère au village. Mamzelle Thérèse, surtout, était à ravir sous son joli costume de mariée, et quand, le front modestement baissé, elle s'inclina devant l'autel pour recevoir la bénédiction de notre vénérable pasteur, elle me parut alors si séduisante et si belle, que je pardonnai presque à Richard son dépit et sa jalousie.

Du reste, il faut en convenir, depuis l'aventure du loup de Mormant, ce dernier n'était plus du tout le même homme ; trop habile pour ne pas comprendre que sa rage impuissante n'aboutirait à rien, s'il rompait ainsi en visière avec son heureux rival, à peine avait-il laissé échapper son insolente menace, qu'il s'en était aussitôt repenti dans l'intérêt même de ses projets, et qu'il avait senti la nécessité de racheter, par un rapprochement immédiat, l'impression fâcheuse de ses paroles. Avec tout autre que M. Henri, la négociation n'eût pas été facile ; mais comme c'était un excellent jeune homme, trop généreux et trop confiant pour en vouloir longtemps à personne, il n'avait fallu qu'un mot, une simple rétractation motivée sur un mouvement d'humeur involontaire, pour remettre les choses dans leur état primitif; et le soir même, au sortir de table, une nouvelle réconciliation avait été scellée entre les deux rivaux par un de ces baisers de Judas auxquels on ne manque jamais de se fier, tant ils s'impriment ardents sur la joue.

Vous vous rappelez sans doute le vœu manifesté par M. Émery, lorsque, annonçant à son neveu le mariage de sa fille, il l'avait invité à réclamer du futur l'avantage d'être son premier garçon d'honneur. C'était là une preuve de bon goût qui désormais rentrait merveilleusement dans le plan de Richard, en éloignant de lui tout soupçon de rancune; aussi n'avait-il pas manqué de faire valoir ses droits à ce sujet avec tout le désintéressement d'un cœur qui se sacrifie, et s'était-il empressé, une fois sa demande obtenue, de s'acquitter avec zèle des moindres détails de ses nouvelles fonctions. Grand ordonnateur du mariage de sa cousine, il en avait réglé lui-même tous les apprêts : c'était lui qui avait écrit les invitations de sa main, qui s'était chargé du soin de les expédier à droite et à gauche dans la province; enfin son attention s'était portée sur tout; la semaine entière s'était passée pour lui en pas et en démarches; et le jour solennel venu, à voir son empressement, l'air de satisfaction répandu sur son visage, les marques de tendresse dont il entourait les deux époux, on l'eût plutôt pris pour un frère qui marie sa sœur que pour un amant éconduit qui contemple un rival plus heureux, épousant sous ses yeux sa maîtresse.

Le repas de noces, auquel présida la gaieté la plus franche, se passa non pas dans une salle étroite où l'on étouffe, sur une table toujours trop juste, où chaque bouteille est comptée, mais en plein air, devant la porte de la ferme, à l'ombre d'une vieille allée de marronniers, en face dix barriques de vin sacrifiées à la soif des convives; et ce fut de toutes parts, une fois le premier appétit satisfait, un tel choc de bons mots, de gros rires, de joyeuses et spirituelles saillies, que l'on aurait fini, je crois, par ne plus s'entendre, si les premiers coups d'archet du vieux Baudrant, le meilleur ménétrier de Lagny, n'eussent enfin fort à propos donné le signal de la danse.

Ce fut la mariée qui ouvrit le bal avec Richard, sous une vaste tente illuminée en verres de couleur, et élevée sur la pelouse à l'autre extrémité de la prairie. M. Émery, qui avait retrouvé ce soir-là l'ardeur de sa jeunesse, y mérita la réputation d'un intrépide danseur, et chacun prit tant de plaisir à se divertir ou à voir s'amuser les autres, que onze heures sonnaient au prochain village avant que personne songeât encore à la retraite.

Pour moi, je ne sais quel motif me fit en ce moment rentrer à la maison ; mais comme, la main sur la rampe, je montais lentement les marches de l'escalier, écoutant de loin les derniers sons de l'orchestre, et comparant cette joie bruyante du dehors au calme intérieur de la ferme, je ne fus pas peu surprise d'apercevoir à travers la croisée un individu qui me tournait le dos et qui me sembla, autant que j'en pus juger, occupé à charger une arme. Mon premier sentiment fut celui de la frayeur ; puis, revenant aussitôt d'une crainte pusillanime, je poussai la porte et j'entrai brusquement sans prendre la peine de m'annoncer.

A mon aspect, Richard, car c'était lui, parut moins embarrassé que moi-même :

« Nos amoureux s'oublient bien longtemps à la danse, me dit-il, en replaçant tranquillement sa carabine à la suite d'un certain nombre de fusils de chasse alignés le long de la muraille : pourtant tout est prêt pour saluer convenablement le coucher de la mariée, et voilà, grâce à mes soins, un jeu d'orgue qui vaudra bien, j'espère, le carillon fêlé de vos cloches. »

Je ne répondis rien ; ce peu de mots me rappelant l'habitude que l'on a chez nous de célébrer chaque fin de noce par une ou deux décharges de mousqueterie tirée sous les fenêtres des époux, et je montai dans ma chambre sans m'inquiéter davantage de préparatifs assez justifiés à mes yeux par ce sot et puéril usage.

Cinq minutes après, je redescendis, et j'allai de nouveau pour traverser la pièce, où j'entendais d'en haut un bruit de voix discordantes et confuses :

Cette fois Richard n'était pas seul ; il était entouré par une douzaine de jeunes fous à qui de trop copieuses libations semblaient avoir troublé la cervelle, et il leur communiquait ses instructions en homme de tête qui a tout son sang-froid.

« Attention, messieurs, leur disait-il, comme s'il se fût méfié de leur état : crainte d'accident, procédons d'abord à la reconnaissance des armes.

Vous, Bastien, numéro un ; voici la vôtre.

Toi, Simon, numéro deux ; c'est celle qui vient après. »

Et il compta ainsi jusqu'à quatorze, désignant successivement à chacun le fusil correspondant à son numéro d'ordre, et mettant de côté, comme celui de son oncle et le sien, les deux derniers qui restaient en place.

Puis, quand cette inspection fut finie.

« Surtout, mes braves, ajouta-t-il, point de précipitation ni de méprise, autrement nous ne ferons rien qui vaille. Vous savez qu'il y a ici dans le coin, et il désignait un fusil placé à part dans l'angle même de la cheminée, une carabine chargée à balle. Je n'ai pas besoin de vous rappeler que c'est l'arme d'Henri ; que le lingot qui s'y trouve est celui qui a tué le loup de Mormant, et que ce serait vraiment dommage qu'un de vous venant à se tromper, logeât par mégarde dans un pan de mur un plomb destiné à plus noble brèche. »

Au moment où il achevait, M. Émery, qui n'avait pu l'entendre, survint tout essoufflé, et je remarquai avec regret que, pour la première fois de sa vie, le pauvre homme s'était laissé gagner par le mauvais exemple, et qu'il avait, comme les autres, la tête un peu échauffée par le vin.

« Artilleurs, à vos pièces, criait-il en montrant au fond de la cour une croisée du rez-de-chaussée qui venait de s'éclairer subitement. Voici nos deux jeunes gens qui rentrent à la dérobée. Soignons notre feu de peloton, et souhaitons-leur un dernier bonsoir. »

A ces mots, qu'il n'eut pas la peine de répéter deux fois, ainsi que vous pensez, chacun se rua sur les fusils avec l'empressement simultané d'un poste surpris par l'ennemi. Il en résulta un désordre complet ; et comme la lumière, qui gênait sans doute quelqu'un, s'éteignit elle-même en ce moment, laissant tout le monde dans une obscurité complète, ce fut pour ainsi dire à tâtons, que

M. Émery, le dernier de la troupe, parvint à mettre la main sur son arme.

J'étais là, monsieur, à cette fenêtre, observant attentivement celle de la chambre des nouveaux mariés, en face de laquelle je voyais dans l'ombre chacun des tireurs se mettre en place. Je distinguais parfaitement l'intérieur de la chambre ; j'apercevais Henri immobile, contemplant sa femme qui défaisait une à une les fleurs virginales de son front, et je me réjouissais d'avance en enfant de la peur qu'ils allaient éprouver, surpris à l'improviste par cette détonation subite.

Quand tout à coup, à l'instant même du feu commandé par Richard, le bruit d'un carreau qui volait en éclats et un cri de douleur indéfinissable, affreux, me bouleversa jusqu'au fond des entrailles.

Oh! quel malheur, grand Dieu ! quel accident!... ou, pour mieux dire, quel lâche forfait, quel assassinat horrible, épouvantable !

Henri venait d'être tué, monsieur, tué roide d'une balle au milieu de la poitrine, et par qui?... Non, vous ne devineriez jamais l'adresse de l'assassin ! par ce pauvre M. Émery, entre les mains duquel, vérification faite, se trouva l'arme de la victime!...

Savez-vous bien que c'est un métier parfois fort embarrassant que d'avoir à rendre justice? Car enfin voilà un vieillard moralement innocent, n'est-ce pas? tout le monde au besoin le proclame et l'at-

teste ; il affirme lui-même avoir tiré en l'air et non
horizontalement dans la direction de la fatale fenêtre.... Et pourtant, faites-vous juge : que croire,
que penser? Comment allier votre conviction morale
avec des preuves positives, des faits patents et ma-
tériels ?

« Y avait-il dans la maison un fusil chargé à
balle?

— Oui.

— Ce fusil n'appartenait-il pas à Henri W...?

— Oui.

— Guillaume Émery ne l'avait-il pas pris et tiré
au lieu du sien?

— Oui. »

Donc, conclusion logique, Guillaume Émery, par
inadvertance ou autrement, était évidemment le
vrai coupable....

Une autre présomption, non moins accablante,
résulta encore contre lui de l'examen même du cadavre : on retrouva la balle qui, après avoir traversé
l'estomac, s'était arrêtée dans la moelle épinière, et
vingt témoins déclarèrent à regret, en la voyant,
que c'était identiquement le même lingot que Claude
Babœuf avait déjà retiré du loup, et dont, par une
superstition de chasseur, Henri s'était servi pour
recharger son arme.

Ainsi périt misérablement, à la fleur de l'âge et
victime du plus noir guet-apens que la scélératesse

humaine puisse concevoir, un jeune homme de la plus haute espérance. Ainsi se termina cette première nuit de noces, nuit funeste, nuit de mort, qui convertit en deuil la robe blanche de l'épouse, et qui devait bientôt compter une victime de plus dans la personne de l'infortuné père de Thérèse, qu'un sombre désespoir conduisit à son tour au tombeau, la veille même du jour où un arrêt du parlement de Paris, intervenu sur enquête, le déclarait coupable d'homicide involontaire commis par imprudence sur la personne d'Henri W..., fils du lieutenant civil de la prévôté de Melun, et le condamnait comme tel en un mois de prison et cinq cents livres d'amende.

Orpheline et veuve à la fois, frappée dans les liens les plus chers qui pussent l'attacher à la vie, nous craignîmes longtemps que Thérèse ne résistât pas elle-même à d'aussi vives secousses : mais, sous cette enveloppe frêle et délicate, en dehors de cette organisation de jeune fille, existait une âme fortement trempée dont j'étais loin alors de soupçonner la vigueur. Elle lutta contre l'adversité avec un admirable courage, faisant en même temps face à tout, aux affaires, à la succession, aux détails intérieurs du ménage ; enfin telle fut sa puissance d'énergie, que la mort de M. Émery n'apporta aucun changement notable dans l'administration de la maison ; que les travaux n'y furent pas suspendus un seul instant ;

et que, trois mois après ces horribles événements, la ferme, où tout avait marché comme de coutume, n'en continua pas moins de mériter, sous sa nouvelle direction, la réputation d'être l'une des mieux cultivées de la Brie.

Il n'y eut qu'elle-même, hélas! la pauvre femme, qu'elle ne put garantir contre les traces du malheur : il se grava sur son front en traits profonds, ineffaçables. Ce ne fut plus ce frais visage sur lequel brillaient les roses de la santé, cet œil bleu, si plein de douceur où, se reflétait une âme heureuse et candide : ses joues se creusèrent, sa figure devint pâle et maigre; son regard, plus dur, s'assombrit comme chez quelqu'un qui souffre; et cependant, chose étonnante, en dépit d'une telle révolution, elle ne cessa pas d'être bien. Peut-être même sa beauté y gagna-t-elle, dépouillée qu'elle fut de son air de trop extrême jeunesse; elle prit quelque chose de plus fait, de plus sévère qui la caractérisa davantage, qui accusa mieux la parfaite régularité de ses traits; et, si vous l'eussiez surprise à certains jours, dans une de ces contemplations muettes, où l'œil fixe, les lèvres décolorées, le front contracté et pensif, elle semblait évoquer une à une toutes les sombres pensées de son cœur; en la voyant ainsi des heures entières réfléchissant silencieuse et immobile, vous vous fussiez figuré une de ces belles et froides statues que l'on ne peut s'empêcher d'admirer, bien que leur aspect étrange vous affecte et vous impressionne.

Un an s'écoula ainsi, sans que, m'ouvrant le fond de son âme, elle soulageât dans mon sein la plus petite part de ses peines. Concentrant en elle-même tous les affreux souvenirs du passé, je ne l'entendis pas une seule fois manifester sa douleur, murmurer contre le ciel ou les hommes; rien, pas un mot, pas une plainte qui rappelât dans sa bouche la plus épouvantable catastrophe : on aurait même pu croire qu'elle en avait oublié les victimes, si un objet, dont elle ne se séparait jamais, n'eût fourni la preuve du contraire; c'était la balle qui, après lui avoir sauvé la vie, avait causé la mort de son amant, gage précieux et sanglant, qu'elle portait nuit et jour sur elle, et que je l'aperçus plus d'une fois arroser en secret de ses larmes.

Un jour, la veille d'un anniversaire fatal que je redoutais pour elle, elle me parut, à mon grand étonnement, beaucoup moins triste que d'habitude. Il y avait dans sa physionomie une expression tout autre qui me frappa; ce n'était pas précisément de la joie, et pourtant, à ne consulter que ses yeux plus brillants, son teint légèrement animé, cela y ressemblait presque.

Comme je la considérais avec surprise, sans oser lui adresser de question, mais provoquant par mon air de tendre intérêt une entière et trop juste confiance :

« Ma bonne Marguerite, me dit-elle, en me montrant un papier qu'elle tenait froissé dans sa main, je vais t'apprendre une nouvelle à laquelle tu es bien loin de t'attendre; demain je me remarie et j'épouse mon cousin Richard. »

Je la regardai et je la crus folle.

C'était pour la première fois, depuis la mort d'Henri, qu'on prononçait ce nom à la ferme.

« Oui, continua-t-elle, mes vœux les plus ardents sont enfin remplis : voici une lettre de lui.... Il m'accorde tout ce que j'exigeais, une union prompte et sans éclat, ici même, en ces lieux, à pareille date que celle où je fus veuve. J'ai attendu longtemps; mais enfin, Dieu soit loué! j'en suis venue à mon but; demain, Richard sera à moi et je serai à Richard! »

J'étais tellement étourdie et stupéfaite que je n'eus pas la force de lui répondre. Seulement je vis bien à son regard et à sa voix qu'il se préparait quelque chose d'étrange; et comme de tristes appréhensions me serraient le cœur, je me mis à pleurer en silence.

« Pourquoi ces larmes, me dit-elle, apprécie mieux ma joie et mon bonheur, et remercie le ciel qui m'a enfin exaucée : il me fallait cet homme pour être heureuse; ce jour sera pour moi le plus beau jour de ma vie. »

Le lendemain, 12 août 1788, Richard Schwartz,

que je n'avais pas vu depuis un an, arriva de très-
bonne heure à la maison. Son entrée était difficile à
faire : aussi, quand il dépassa le seuil de la porte, il
eut beau composer son visage, affecter un maintien
calme et tranquille, je remarquai sans peine son
embarras secret : on eut dit qu'il se méfiait de
quelque piége, et sa préoccupation ne cessa que
lorsque le notaire vint, le contrat à la main, lui
donner communication des clauses et conditions du
mariage.

Il en écouta la lecture avec une scrupuleuse attention ; et comme la veuve y faisait l'apport non-
seulement de sa dot primitive, mais encore de
toute la fortune qu'elle avait recueillie à la mort de
son père, cette circonstance parut l'intéresser d'autant plus vivement, que l'union ayant lieu sous le
régime de la communauté, un article spécial, assu-
rait, au dernier survivant des époux, la totalité des
biens dont, au jour du décès de l'un d'eux, se trou-
verait composé l'héritage.

Ce fut à minuit, dans une chapelle isolée atte-
nant au presbytère, que se consomma, en présence
des seuls témoins indispensables, le sacrifice le plus
triste que mes yeux aient vu s'accomplir : cérémonie lugubre qui fut faite la nuit, aux flambeaux,
comme si elle eût craint la clarté du jour ; véritable
œuvre de ténèbres, pacte effrayant et terrible, ci-
menté par l'enfer, en face le Dieu d'éternelle jus-

tice. Le oui fatal ne fut pas plutôt prononcé, qu'à la manière dont Thérèse le dit, Richard se repentit et eut peur. Mais il était trop tard pour reculer ; il ne s'appartenait plus à lui-même ; aussi cherchant à s'étourdir sur de sinistres pensées, ne songea-t-il qu'à son amour, à la certitude de posséder enfin avec sa maîtresse cette position brillante que tant d'obstacles lui avaient disputée, images plus agréables et plus riantes qui le rassurèrent bientôt complétement.

Tout le monde était couché lorsque nous revînmes à la ferme : nous y rentrâmes furtivement et en silence, moins en maîtres de maison qu'en malfaiteurs qui craignent d'être vus ; et, bien qu'en ce moment Thérèse cherchât à rassurer Richard en s'excusant près de lui sur le mystère singulier dont les convenances, disait-elle, lui avaient fait un devoir d'envelopper son mariage, je ne pus me défendre d'un secret mouvement de terreur, lorsque je me trouvai seule avec eux au milieu de la chambre nuptiale.

C'était celle où, à pareil jour et à pareille heure, avait péri, un an auparavant, le plus regrettable des hommes ; rien n'y avait été changé depuis cette nuit désastreuse et fatale : je reconnaissais tout l'ameublement d'alors, la glace vis-à-vis laquelle se déshabillait la mariée, la table de marbre qu'Henri avait renversée en tombant, jusqu'aux étroits barreaux

de fer garnissant l'extérieur de la croisée, inutile
et frêle rempart que la mort n'avait pas respecté.

Au fond de l'appartement était une porte dérobée
qui conduisait, par un escalier tournant, à une espèce de galerie supérieure, élevée de trois à quatre
mètres au-dessus du plancher, et d'où l'on avait vue
sur la pièce. C'était un escalier de communication
qui n'existait pas jadis et que M. Émery avait fait
construire à l'époque où il occupait ce rez-de-chaussée pour mener à la chambre du dessus, destinée à
sa fille. A peine arrivée, Thérèse s'approcha de cette
porte, en ôta la clef sous prétexte d'aller un instant
en haut préparer sa toilette de nuit, puis m'engageant à passer devant pour lui éclairer, elle la re-
ferma à double tour sur elle.

« Eh! mais, que faites-vous donc? ne pus-je
m'empêcher de lui dire, un peu mécontente au
fond du cœur de la manière dont elle semblait
prendre son parti et du sang-froid qu'elle témoignait à cet instant critique et solennel : Ne voyez-
vous pas que vous enfermez Richard?

— Richard?... dis l'infâme assassin d'Henri! »
s'écria-t-elle ; et saisissant une carabine cachée au
pied du petit escalier, elle franchit rapidement, sans
que je pusse l'arrêter, les degrés qui la séparaient
de la galerie.

Alors se développa sous mes yeux le plus épouvantable drame.

En bas se trouvait Richard, pâle, à moitié défait, ne comprenant que trop l'affreuse vengeance à laquelle il était exposé.

En haut, au-dessus de sa tête, apparaissait Thérèse, menaçante et terrible, brandissant l'arme qu'elle tenait à la main, et plus belle que jamais d'émotion, de mépris et de haine.

« Richard Schwartz, dit-elle d'une voix ferme, vois-tu près de la fenêtre cette large tache de sang qui couvre encore la muraille? Ce sang est celui de mon époux que tu as traîtreusement assassiné, ici même, il y a un an, à pareille heure de la nuit. Or, si tu as une âme, songe à elle ; car, aussi vrai que tu as commis le crime, tu vas en rendre compte et paraître devant Dieu! »

A son accent, Richard vit bien qu'il était perdu : il jeta un regard rapide autour de lui, comme s'il eût cherché un endroit pour échapper à son ennemie. Mais rien ; pas une issue. La porte de sortie était fermée. De fortes barres de fer défendaient la croisée. C'était une véritable prison.

Exaspéré, furieux, hors de lui, on eût dit un tigre pris au piége : il bondit d'un bout de la pièce à l'autre, proférant d'horribles imprécations, hurlant de désespoir et de rage, et déjà ses ongles sanglants ébranlaient les gonds de la porte, quand retentit de nouveau, à ses oreilles, la voix de son impitoyable juge.

« L'Évangile a dit : *Quiconque frappera avec l'épée périra par l'épée !* lui cria Thérèse le mettant en joue. A toi donc, Richard le meurtrier ! à toi la peine du talion ! C'est la balle qui par tes mains a tué au cœur Henri, mon fiancé ! »

Le coup partit comme je détournais la tête, et au même instant le bruit sourd et mat d'un corps lourd qui tombe sur le plancher, m'annonça la fin de cette lente agonie.

Dix minutes après, chacun était sur pied dans la ferme, les uns relevant un cadavre, les autres cherchant Thérèse qu'il m'avait bien fallu dénoncer malgré moi ; mais profitant de ce premier moment de stupeur, la malheureuse avait disparu, et ce ne fut qu'au bout de deux jours que l'on sut ce qu'elle était devenue.

La tête égarée et perdue, elle s'était jetée dans la Marne, un peu au-dessous de Montevrain, à deux lieues environ de la ferme ; et son corps, horriblement mutilé, venait d'être retrouvé à la hauteur du pont de Lagny, entre les roues d'un moulin, où le courant l'avait entraîné.

Telle est, monsieur, l'histoire complète de ces débris, ajouta, en finissant, la pauvre femme ; tels sont les événements qui m'ont laissée seule au monde, sans ressources, sans protection, sans appui. Ce fut un oncle de Thérèse qui hérita de toute sa fortune ; mais comme s'il eût craint que la malédiction du ciel pesât sur cette maison, il ne voulut jamais l'habiter, et peu à peu elle tomba dans un abandon complet, sans que personne songeât à la relever de ses ruines. »

Cependant les étoiles brillaient au ciel, il était tout à l'heure minuit, et j'avais deux grandes lieues à faire pour regagner mon gîte. Je me levai, poussant du pied mon chien qui s'était endormi, et je dis adieu à la bonne vieille, non sans lui glisser dans la main un témoignage évident de l'intérêt profond que m'avait causé son récit.

Comme je traversais les bois de Bellassise, l'esprit tout préoccupé de ces tristes images, arrivé au carrefour des Croix-Blanches, justement au milieu de ce chemin creux et désert où avaient été assassinés autrefois M. Durand et Jacques Houssaye, le meunier des Uselles, j'éprouvai tout à coup un mouvement d'effroi involontaire. La lune, qui s'était levée, éclairait au pied même de la croix une espèce de masse informe et agissante qui pouvait à coup sûr passer pour la plus honnête apparition qu'Anne Radcliffe ait évoquée dans ses rêves. Je suis un peu superstitieux de ma nature; aussi n'avançais-je qu'en hésitant à la rencontre de ce terrible fantôme, lorsque, parvenu à quelques pas plus loin, je partis, malgré moi, d'un grand éclat de rire en reconnaissant la cause de ma frayeur.... Le prétendu re-

venant n'était autre chose que Blak, mon gigantesque lévrier blanc, qui venait de donner la chasse
à un second lièvre, et qui, moins heureux cette fois,
grâce à la nuit, se reposait, en m'attendant, des fatigues d'une course inutile.

LES DEUX BRACONNIERS

LES DEUX BRACONNIERS.

.... Nous avions chassé dix heures dans les Pyrénées, Antonio Perez et moi, et, à vrai dire, voilà certes un honorable aveu dans la bouche d'un chasseur, notre expédition n'avait pas été heureuse.

Dès le matin, à peine étions-nous entrés tous deux dans le *Val aux loups*, espèce de défilé étroit ainsi nommé à cause de la quantité prodigieuse de loups qui le fréquentent l'hiver, lorsque ces animaux, pressés par la faim, descendent de la région supérieure des monts pour pousser leurs excursions jusqu'aux premières maisons d'Argelès, à peine avions-nous mis le pied dans ces sombres futaies de pins et de mélèzes, dont la noire ceinture s'élève en amphithéâtre sur le flanc escarpé de la montagne, que j'avais déjà jugé mon compagnon de voyage, et que sans être un physionomiste bien exercé, rien que sur les allures de ce guide, je m'étais déjà, à part moi, tiré l'horoscope de ma journée.

Antonio Perez était un homme de quarante-cinq ans environ; un réfugié catalan, que le comte Arthur de P... avait attaché à titre de piqueur à son service; mais qui, même en admettant les nombreux succès dont il se glorifiait dans une autre profession (il se vantait d'avoir été jadis le plus adroit toréador de Madrid), n'avait rien, entre nous, des qualités requises pour constituer ce que nous appelons un veneur. Indolent comme la plupart des Espagnols, d'une corpulence assez honnête déjà pour mieux figurer à table entre une outre de vin et une *olla podrida*, qu'à la tête d'une meute, son couteau de chasse au côté et sa lourde carabine sur l'épaule, il remplissait les devoirs de sa charge avec une exactitude scrupuleuse, il est vrai, mais sans goût, sans ardeur, en homme enfin qui s'acquitte de son métier, parce que son métier le fait vivre.

La veille, on était venu nous prévenir au château qu'un ours d'une taille gigantesque avait paru le matin même dans les pâturages d'Imola, et s'était retiré après avoir abattu deux génisses dans un fourré d'une trentaine d'arpents environ, situé sur le versant nord-est de la montagne : cette nouvelle importante, dont on m'avait fait les honneurs en l'absence du maître de la maison, alors convoqué pour les élections des Hautes-Pyrénées, n'avait que médiocrement touché l'ami Perez; et tandis que moi, l'âme délicieusement émue par l'espoir d'une proie aussi belle, j'accablais de questions le jeune pâtre qui était descendu de ses rochers pour nous armer contre l'ennemi commun, m'inquiétant des moindres détails avec l'anxiété d'un commandant d'équipage au moment du rapport de ses hommes; me faisant répéter vingt fois le signalement de l'animal, son pelage, sa grandeur, sa force; c'est tout au plus si, nonchalamment assis sous le vaste manteau de la cheminée, et regardant monter lentement les nuages de fumée qu'exhalait du fond d'une énorme chaudière en fonte la mouée destinée à ses chiens, mon gaillard, indifférent et froid, avait paru prêter à notre conversation une oreille tant soit peu attentive.

Cette tiédeur, en présence d'un fait palpitant d'intérêt, et qui pour tout amateur devait être une véritable bonne fortune, ne m'avait pas paru, je l'avoue, d'un favorable augure : aussi le lendemain matin, lorsque levés à la pointe du jour, nous nous mîmes en route, escortés de trois habiles auxiliaires, d'Ajax et de Capello d'abord, deux dogues de la plus forte taille, deux vrais molosses d'Épire, puis de Bellérophon, le plus courageux limier du comte; notre quête était à peine commencée, je le répète, que sous la conduite d'un tel chef, j'attendais fort peu, quant au succès, des résultats de notre aventureuse entreprise.

Il n'y avait point de nerf chez l'ex-toréador de
Madrid : or, point de jarret, point de vigueur; où
les jambes pèchent, adieu l'énergie. Ignorant les
chemins, chassant pour la première fois dans ces
contrées, il m'avait bien fallu suivre ce triste guide
et me traîner malgré moi à sa remorque.... Mais que
de malédictions, en chemin, m'avaient intérieurement vengé du drôle, et que je m'étais bien promis
de ne plus tenter d'expédition de ce genre, à moins
d'avoir affaire à un compagnon de ma trempe !

Partis à quatre heures, à midi nous n'étions encore que sur le *Plateau des Palombes*.... Au lieu de
gravir en droite ligne, ce qui nous eût pris tout au
plus une heure de marche, nous avions fait un
énorme circuit pour tourner la montagne.... Du
reste, nul vestige du terrible visiteur dont on nous
avait signalé les ravages : dans toute notre excursion, nous n'avions aperçu qu'un isard, suspendu
à trois portées de fusil de nous, sur la crête d'un
rocher à pic, et qui, à notre approche, s'était élancé
d'un bond de l'autre côté de l'abîme. Un coq de
bruyère, levé par les chiens, s'était aussi perché
à peu de distance de nous, à en juger par son vol
bruyant interrompu tout à coup, et aux deux cris
perçants jetés, l'un après l'autre, à deux secondes
d'intervalle; mais le bouquet de chênes verts, au
milieu duquel l'oiseau s'était abattu, présentait un
abri tellement impénétrable, que même, avec les

yeux d'un lynx, nous eussions vainement passé toute
une journée à le chercher sous cet épais feuillage.

.... Cependant l'atmosphère était brûlante.... Un
calme effrayant avait succédé peu à peu, et sans que
nous nous en fussions aperçus, aux voix mysté-
rieuses et confuses qui animaient ces solitudes sauvages. Le moindre vent s'était tu..., pas une feuille
ne remuait au sommet des mélèzes immobiles.
De chaudes exhalaisons s'échappaient comme d'une
fournaise ardente des flancs altérés de ces roches
de granit, et n'était le bruit monotone des cascades
de Wick qu'on entendait au loin précipiter leurs
eaux blanches d'écume, rien ne troublait plus le
silence imposant de ces lieux, pas même le chant
plaintif des palombes, dont nous apercevions des
bandes nombreuses venir de toutes parts chercher
un asile dans la montagne.

« Que saint Antoine, mon patron, nous soit en
aide ! me dit alors brusquement mon silencieux
compagnon; car voilà un terrible orage qui se prépare là-bas, derrière nous, et si nous ne doublons
le pas, nous et nos chiens, pour gagner au plus tôt
quelque abri, nous pourrions bien ne pas être à la
noce. » Il n'achevait pas, qu'une lueur blafarde sil-
lonna la pointe des bruyères, et que nous ouïmes
comme un bruit sourd sortir des entrailles émues
de la terre.

Je tournai la tête; le ciel était à faire peur : de

gros nuages d'un jaune cuivré, bizarrement amon-
celés, et opérant une lente rotation sur eux-mêmes,
enveloppaient d'un vaste réseau toute la vallée sud-
ouest du Béarn; et tandis qu'au-dessus de nous
brillait encore un pâle rayon de soleil, à nos pieds,
par une transition brusque et heurtée, s'étendait
comme un voile funèbre, derrière lequel mugissait
déjà la voix imposante de la tempête. C'était un
magnifique spectacle à contempler du haut de ces
monts d'où nous dominions l'orage; mais mon enthousiasme d'artiste n'allait pas encore jusqu'à me
faire oublier le but de notre expédition. Quoique le
proverbe dise : *Il ne faut pas vendre la peau de l'ours
avant de l'avoir jeté par terre,* je m'étais mis en campagne comptant sur une tranche d'ours à mon souper, ni plus ni moins; et j'avoue que ce ne fut pas
sans regret qu'à l'aspect de cet horizon menaçant,
je renonçai à l'espoir dont s'était flattée ma gourmandise.

« Nous n'aurons jamais le temps d'arriver à Saint-
Romuald, le plus prochain *refuge*[1], me dit Antonio,
en se hâtant pour la première fois de sa vie; et si
monsieur m'en croyait, continua-t-il, quoique l'endroit ne soit pas très-catholique, nous irions tout

1. On appelle *refuges*, dans les Pyrénées et dans les Alpes,
certains lieux d'asile, édifiés de distance en distance dans les
montagnes pour abriter les voyageurs quand ils sont surpris par
le mauvais temps.

bonnement frapper chez Lorenzo Malatesta, le Corse, cet enragé braconnier dont j'ai déjà parlé à monsieur, et qui vit seul là-haut sur ces rochers, comme un ermite retiré du monde. Le gaillard est sans contredit le meilleur chasseur du canton ; il a toujours à son croc quelque bon morceau de venaison, puisque c'est lui qui, deux fois par semaine, fournit le marché d'Argelès des pièces de gibier les plus rares ; et ma foi, quel que soit son secret, qu'il ait ou non commerce, comme on l'affirme, avec un pourvoyeur encore plus malin que lui et que bien d'autres, cela n'est pas notre affaire, n'est-ce pas ? qu'il nous donne de quoi nous lester l'estomac, ce sera œuvre de chrétien ; et comme tout est compté dans ce monde, ça déchargera d'autant sa conscience. »

Le raisonnement était spécieux, mais je n'en avais pas besoin ; grâce à la fatigue de nos marches et contre-marches, il m'était survenu en chemin un appétit capable de tout absoudre. « En route, dis-je à mon guide, dussions-nous déjeuner chez Satan lui-même ! » Et comme déjà de larges gouttes de pluie commençaient à tomber autour de nous, nous arrivions en face de la demeure du braconnier, que je n'avais pas aperçue d'abord, masquée qu'elle était par quelques arbres.

« Ah ! ah ! fit une voix rude aussitôt que nous eûmes poussé la porte ; entrez, entrez, maître Perez.... les oiseaux s'y prennent à temps, car avant une heure il ne fera pas bon dans la montagne. »

L'individu qui nous parlait ainsi pouvait avoir une trentaine d'années; c'était un garçon bien bâti, aux traits fortement accentués, revêtu d'un costume montagnard qui tenait tant soit peu du guérillas, et qui eût fait honneur à plus d'un chef de parti, pour ne pas dire à plus d'un héros de grand chemin. Occupé à nettoyer une carabine suisse, dont les différentes pièces étaient étalées devant lui sur une table, il ne s'était pas dérangé à l'aspect d'Antonio, qu'il connaissait de vieille date; mais il n'eut pas plutôt vu un étranger à sa suite, qu'il interrompit sur-le-champ sa besogne pour venir prendre mon fusil, et que, m'approchant un siége, il m'invita cordialement à user chez lui de tous les droits d'une hospitalité sans bornes.

« La demeure n'est pas belle, ajouta-t-il en me montrant son logis dont les parois enfumées semblaient taillées à vif dans le roc; mais telle qu'elle est, je la préfère aux plus beaux palais du monde. Voyez, monsieur, si vous êtes un peu chasseur, voyez ici quelle position admirable! » Parlant ainsi, il ouvrait une fenêtre percée dans l'épaisseur du rocher, et, sans me donner le temps de respirer, il se mit, avec tout l'amour-propre d'un propriétaire satisfait, à énumérer un à un les nombreux avantages de sa retraite :

« De cette bicoque vous avez tout sous la main, »
me dit-il.

« Là-haut, derrière cette longue chaîne de roches
calcaires dont vous apercevez les blanches arêtes,
sur un plateau qui n'a pas un quart de mille d'étendue, paît tranquillement, à l'heure qu'il est, la plus
belle troupe d'isards qu'il y ait peut-être dans toutes
les Pyrénées, depuis le Couserans et le Bigorre jusqu'aux confins de la Basse-Navarre.

« Plus bas, dans ce fond à l'abri du vent, au milieu de ces plantes aromatiques que dominent le
genippy et la carline, est une place privilégiée où
se rassemblent chaque matin, à heure fixe, tous les
coqs de bruyère de la contrée....

« Il n'y a pas enfin jusqu'à cette pente rapide, qui
s'engouffre en entonnoir dans le fond de cette petite
vallée, qui n'ait aussi ses paisibles hôtes.... Dans la
saison, la gélinotte et le ganga s'y disputent la baie
odorante du genièvre; et en tout temps les lièvres
y sont si abondants, qu'autant vous foulez de touffes
de romarin ou de myrtille, autant, pour ainsi dire,
vous rencontrez de gîtes.

— Diantre! repris-je émerveillé, je ne m'étonne
plus alors, mon brave, de l'activité que vous met-
tiez, lorsque nous sommes entrés chez vous, à certain travail dont nous vous avons distrait mal à
propos. Continuez, continuez, je vous prie.... Ache-
vez de remonter cette arme. Avec de si nombreux

voisins, le meilleur canon se crasse vite ; et, quelque
bon tireur que vous soyez, vous devez user par jour
une certaine quantité de cartouches. »

Un sourire presque imperceptible perça sur les
lèvres du Corse.

« Antonio, dit-il, combien, le mois passé, le vieux
Jozion d'Argelès, l'hôtellier de l'*Ours-Noir*, a-t-il suspendu de jeunes isards au croc placé en dehors de
sa porte ?

— Douze au moins, sans exagérer, fit le garde.

— Combien de coqs de bruyère ?

— Le double, si j'ai bonne mémoire.

— C'est moi qui les lui ai tous vendus, continua
le braconnier d'un air triomphant. J'ai fourni, de
plus, près de cent pièces de menu gibier aux meil-
leures maisons de la ville. Maintenant, messieurs, si
vous voulez savoir ce que le métier coûte ou rapporte.... je tiens exacte balance du tout.

« Voici la *recette* du mois, ajouta-t-il en tirant du
fond d'un bahut un sac d'argent qui paraissait fort
bien garni, et voilà, d'un autre côté, la *dépense*.... »
Disant ces mots, il nous montrait une petite corne
d'isard, trop étroite à coup sûr pour contenir une
demi-once de poudre.

Je regardai Antonio, dont je sentais le pied me
faire des signes sous la table. Son visage n'exprimait aucune incrédulité : seulement il était facile
de voir, à sa mine rembrunie, que l'assertion de

Malatesta Francesco lui inspirait plus de terreur que de doute. Si le poltron eût osé, il se fût, je crois, bouché le nez, tant notre hôte, rien qu'à ces mots, lui semblait déjà sentir le soufre.

« Ah ça! un instant, dis-je à notre interlocuteur, faites attention, l'ami, que vous parlez à un homme raisonnable, et, qui plus est, à un chasseur expérimenté, je m'en flatte. Nous ne sommes plus au temps où, en invoquant Satan à minuit, dans quelque carrefour de forêt bien solitaire et bien sombre, on avait chance de voir apparaître le prince des ténèbres, le chef grotesquement affublé d'une longue plume de vautour, trois balles enchantées d'une main, et un contrat tout rédigé de l'autre. Je ne crois ni au diable ni aux sorciers; car, sans cela, voilà longtemps, par Belzébuth! que, pour un beau coup ou deux, moi qui vous parle, je leur eusse vendu mon âme. Or donc, ne me prenez pas plus longtemps pour un niais, et expliquez-moi, je vous prie, comment, tout en usant si peu de poudre, vous faites un si grand nombre de victimes?

— Ah! cela me regarde, jeune homme, répondit le braconnier en souriant, et je ne puis dire ma recette à personne.

— Avez-vous le don de suivre l'oiseau dans les airs ou de forcer un lièvre à la course?

— Peut-être.... répliqua Francesco en fixant mon compagnon avec une intention maligne. Mais laissons cela, ajouta-t-il. Quand les Hébreux eurent faim dans le désert, ils ne s'inquiétèrent pas, je pense, de quelle manière leur provenait la manne. Voilà du pain, voilà des vivres. Qu'Antonio aille mettre à l'abri ses chiens qu'il a laissés dehors et qu'épouvante l'orage. Vous connaissez le chenil, mon maître? la deuxième petite porte basse en tournant; pas la première surtout, car c'est là que sont renfermés Achmet et Raoul, mes dogues, et les gaillards n'ont pas la dent bonne.... Nous, pendant ce temps, si monsieur veut m'aider, nous allons, à son choix, dépouiller un jeune marcassin que j'ai là, ou plumer deux canards sauvages.

« Un marcassin? des canards sauvages? fit avec une surprise vraiment comique Perez déjà sur le seuil de la porte.... Oh! mais cela n'est pas possible.... Il n'y a des sangliers que dans la forêt d'Alava, c'est-à-dire à plus de six lieues d'ici; et la seule couvée de halbrans dont on ait connaissance dans le pays, cette année, est cantonnée sur l'Étang vert, dans le parc du marquis de Moncade! »

Pour toute réponse Francesco souleva une trappe placée dans l'angle de la chambre et qui masquait l'entrée d'un petit caveau; et là, tirant une à une les trois pièces de gibier annoncées, il les jeta dédaigneusement sur la table. . . . .

A ce coup de théâtre inattendu, Antonio revint sur ses pas.

« Vous êtes un adroit chasseur, dit-il ironiquement à notre hôte, tout en soumettant chacune de ses victimes à un examen attentif; et le métier, fort peu lucratif pour les autres, vous vaut, à vous, d'excellents profits.... Mais sur l'âme de ma mère, et sur mon salut de chrétien, j'aime mieux que ce soit vous que moi qui possédiez un talent si rare.

— En vérité? interrompit le Corse.

— En vérité, reprit Antonio.... Je le dis ici franchement comme je le pense.... C'est une belle chose sans doute qu'une honnête aisance : avec le gousset tant soit peu garni, on fait toujours figure dans ce monde. Chaque fois qu'on descend à la ville, on s'y présente fièrement, la tête haute.... et partout, un accueil flatteur! Tantôt c'est une bouteille de vin vieux qu'on vide avec André Gyulgi le muletier; tantôt un bon quartier d'agneau rôti, devant lequel Vincent le contrebandier vous invite tout naturellement à prendre place.... Mais voulez-vous m'en croire, Francesco...? je n'ambitionne pas de tels avantages; et pour ma part, bien que souvent je n'aie pas un seul maravédis en poche, je préfèrerais rester pauvre toute ma vie, quitte à mendier mon pain, la besace au cou et un bâton à la main, plutôt que de m'enrichir comme vous, au damné commerce que vous faites; j'aurais trop peur qu'en le gagnant à ce prix, mon argent un beau jour ne vînt à me brûler les doigts.

« Voyez, monsieur, vous qui êtes connaisseur, ajouta-t-il en s'adressant alors à moi, c'est vous-même que je prends pour juge : regardez-moi un peu ce marcassin et ces deux oiseaux; et si l'un d'entre eux a été, je ne dis pas tué au fusil, mais seulement pris au piége, que je perde à l'instant ma place et mon nom de piqueur ! »

Je ne pus d'abord m'empêcher de sourire, tant était grande la perte dont cette imprécation témé-raire menaçait à son insu mon pauvre ami le comte de P... Mais reprenant tout de suite mon sang-froid, j'obéis à l'invitation qui m'était faite, et je me mis à mon tour à palper les pièces avec toute la gravité d'un honnête juré siégeant en cour d'assises, et à la sagacité duquel on soumet les pièces de conviction sur lesquelles il doit baser son verdict.

Pas un grain de plomb n'avait atteint le marcassin, dont la robe, portant encore la livrée, n'était souil-lée d'aucune goutte de sang.

Pas une plume non plus ne manquait aux deux halbrans, et nul coup de feu sur leurs membres in-tacts ne signalait les ravages d'une arme.

Seulement, chose singulière et dont la remarque ne laissa pas que de me surprendre beaucoup, sur-tout lorsque je me fus convaincu que c'était une blessure uniforme, chaque animal avait les deux yeux crevés, quadrupède et volatile : et leurs orbi-tes, comme scalpées par un praticien habile, n'offraient plus qu'une cavité hideuse, à travers laquelle le crâne attaqué lui-même laissait voir à nu la cervelle.

« Voilà, monsieur, le triste état dans lequel toute espèce de gibier entre ici, se hâta de me dire Antonio, tandis que je demandais du regard au braconnier de vouloir bien m'expliquer ce prodige. Isard, lièvre, gélinotte, coq de bruyère, pas une malheureuse pièce n'est apportée par Francesco au marché d'Argelès, sans être privée de ses deux yeux comme celles-ci. Or, je vous le demande de bonne foi, ne faudrait-il pas être aussi aveugle que ces pauvres bêtes pour ne pas voir ce dont il s'agit, et ne pas reconnaître à ces marques infaillibles, non pas la main d'un homme, mais la griffe de Satan lui-même?

L'attaque était vive; et déjà je me félicitais intérieurement, dans la crainte d'une dispute plus sérieuse, d'avoir vu mon indiscret compagnon gagner la porte, sans attendre l'effet de ces injurieuses paroles, quand un éclat de rire débonnaire, échappé tout à coup au maître du logis, me prouva que cette offense n'était pour lui qu'une vraie plaisanterie.

« Pauvre homme, dit-il en haussant les épaules avec mépris et en suivant des yeux Antonio qui conduisait ses chiens au chenil, si je n'use guère de poudre pour me procurer mon gibier, on a dû en revanche en brûler plus d'une livre à son baptême !

Puis m'interpellant brusquement à mon tour :

« Vous avez du cœur, monsieur, ajouta-t-il, et vous n'êtes point superstitieux comme ce nigaud de Perez, si j'en juge par votre langage.... Restez donc à coucher ici cette nuit.... Sans façon avec mes amis, je vous offre et le souper et le gîte. L'orage dont la violence augmente ne vous permet pas de songer à partir. Demain matin, bien avant que les premières clartés du jour ne dorent les cimes des Pyrénées, nous nous lèverons tous deux à bas bruit, et laissant ce lourdaud sous l'influence de son sommeil de plomb, nous irons ensemble, si vous le voulez bien, rendre visite au hardi compère qui depuis quatre ans partage avec moi les produits de sa chasse.

— Un ami, un camarade ! demandais-je avec curiosité.

— Un braconnier plus habile que tous ceux de France et d'Espagne, répliqua Francesco sans hésiter.

Un gaillard qui, sans jamais faire d'éclat, a détruit à lui seul plus de gibier que n'en compte chaque année la conservation forestière la mieux gardée. Mais notre expédition ne peut se faire qu'à deux conditions, continua-t-il, conditions expresses et formelles. La première, c'est que, lors de notre entrevue, quoi qu'il arrive, vous resterez tout le temps pour mon complice, un spectateur muet et invisible ; la seconde, c'est que, de retour en ces lieux, vous oublierez tout ce que vous aurez vu, ou du moins que vous serez assez discret pour n'en révéler le secret à personne. Acceptez-vous cette double convention, et vous engagez-vous sur l'honneur à lui être fidèle?

— J'accepte tout, répondis-je sur-le-champ, et aussi vrai que voilà une main dans la vôtre, je jure, foi de Corse, d'observer scrupuleusement tout ce qu'il vous plaira de me prescrire.

Ce serment ainsi scellé parut satisfaire le montagnard.

« A la bonne heure, me dit-il, voilà ce qui s'appelle parler en homme; je ne doute plus de vous après un tel serment, et j'aurais vraiment mauvaise grâce si j'exigeais de vous d'autre parole.... Jusqu'à présent, vous ne connaissiez de réputation que *Francesco Malatesta le braconnier*, personnage assez peu en odeur de sainteté, comme vous voyez, et dont le nom ne se cite pas sans effroi parmi les timides enfants de la plaine. Eh bien! demain, avant que le soleil ne se soit levé, si vous avez le pied aussi sûr que le cœur, je vous guiderai moi-même au sommet de ces monts, par des sentiers que n'ont pas souvent foulés les profanes. Là ne tardera pas à paraître devant vous, un autre braconnier plus redoutable que moi.... le seul, le véritable roi de la montagne! et c'est alors qu'en votre présence, s'accompliront des choses étranges qu'il n'est permis qu'à vous d'entrevoir, et qui vous expliqueront sans peine le secret de cette renommée mystérieuse et terrible.... »

Le retour d'Antonio, qui vint à rentrer en ce moment, l'empêcha de m'en dire davantage. Je me hâtai d'apprendre à celui-ci l'aimable proposition que daignait nous faire notre hôte de nous garder chez lui jusqu'au lendemain matin; et comme la tempête éclatait alors dans toute sa furie, chaque ruisseau, transformé en torrent, bondissant avec fracas de roche en roche, les vents déchaînés mêlant leur harmonie sauvage aux éclats bruyants de la foudre, maître Perez, tout bon chrétien qu'il était, parut cette fois écouter moins ses scrupules. Le sentiment du bien être qu'on éprouve lorsqu'on se voit à l'abri d'un danger quelconque, la mine appétissante de ce repas improvisé qui n'attendait plus que quelques tours de broche, une faim d'ailleurs à faire honneur au plus maigre souper, tout le disposait à se montrer indulgent; il sut donc se faire violence à lui-même et consentit à être hébergé jusqu'au jour suivant, laissant à son estomac et au mauvais temps la responsabilité d'un acte dont il déchargeait sa conscience.

La nuit était venue depuis longtemps, lorsque nous sortîmes de table : Francesco, dans les yeux duquel je lus un signe d'intelligence, profitant de l'état vacillant du piqueur, qui avait embouché un

peu trop souvent, en guise de trompe, certaine
outre pleine de vin d'Espagne, l'introduisit dans une
petite pièce à côté, où le drôle, trop heureux de
trouver un lit de fougère, ne tarda pas à ronfler
mieux qu'il n'avait jamais sonné fanfare de chasse.
Puis revenant aussitôt vers moi avec un empressement vraiment cordial :

« Voilà mon dortoir habituel, me dit-il, en sus-
pendant au milieu de la chambre une espèce de
hamac, intérieurement doublé de plusieurs fourrures
de loup cousues entre elles : ça ne vaut pas un bon
lit de plumes, sans doute ; mais j'espère cependant,
qu'enveloppé dans la robe de chambre de ce monsieur que j'ai tué l'hiver passé par les neiges (disant
cela il tirait d'une armoire une peau d'ours de taille
assez honnête pour coiffer hardiment six grena-
diers), vous trouverez bien moyen de vous y délasser
une heure ou deux de vos fatigues. Vous devez avoir
besoin de repos ; quant à moi qui n'ai pas chassé
aujourd'hui, si vous le permettez je vous regarderai
faire, assis là sur cette chaise, comme un bon bourgeois au coin du feu. Pendant que vous dormirez,
je préparerai la soupe de vos chiens, que cet imbécile de Perez laisse jeûner tandis qu'il cuve son vin ;
et comme il faut pour notre expédition que nous
soyons debout avant l'aube, quand il en sera temps,
j'aurai soin de vous éveiller moi-même.

Je ne sais si vous serez de mon avis, ami lecteur,

mais jamais l'art du divin Esculape n'a su combattre l'insomnie, suivant moi, par un narcotique plus puissant qu'un souper copieux à la suite d'une longue et pénible marche. A peine fus-je installé dans le hamac de mon hôte, où je m'étendis sans me faire prier, que sous l'influence d'une douce chaleur, bercé par les dernières rafales du vent qui gémissait à la porte comme une âme en peine, je m'assoupis aussitôt, passant en revue mille songes bizarres et fantasques, tous plus ou moins en rapport, du reste, avec les événements divers dont s'était composée ma journée.

Tantôt c'était une troupe d'isards que j'apercevais au milieu des glaciers; je me glissais à bon vent de rochers en rochers, et déjà je m'en approchais à portée, quand tout à coup se plaçait entre eux et moi un précipice sans fond, horrible chimère à la gueule avide et béante....

Tantôt je me figurais suivre un sentier escarpé, bordé d'un côté par un pan de mur à pic, de l'autre côté par un vaste abîme. Survenait alors un ours formidable qui tenait la même route que moi. Le chemin trop étroit pour deux ne me laissait aucun espoir de salut, et déjà l'effroi me clouait à ma place.... Mais voyez un peu la chance inespérée et quel savoir-vivre pour un ours! Arrivé près de moi, l'animal, au lieu de me disputer le passage, se couchait tranquillement à mes pieds, m'invitant à passer sur son dos d'une façon tout à fait amicale, et c'est à l'aide de ce pont d'un genre nouveau, que j'échappais à la plus épouvantable chute. . . .

. . . .

— Ah ça! qu'avez-vous donc à faire de pareils soubresauts? me dit en me secouant fort à propos notre hôte, au moment où j'entamais un autre rêve. On dirait à vous voir, sauf votre respect, un vrai marsouin qui se débat dans le filet d'un pêcheur !... Or, sus, debout, debout, ajouta-t-il.... Il est déjà trois heures du matin, et si nous voulons être exacts au rendez-vous, c'est tout au plus maintenant s'il nous reste le temps nécessaire....

Je me levai, rassemblant à la hâte mes idées confuses : nous bûmes ensemble un coup de vieux rhum, dont j'avais eu soin de m'approvisionner en partant, et tirant doucement la porte à nous afin de ne pas réveiller Perez, nous sortîmes pour nous mettre en route.

Le temps était superbe, comme cela se voit presque toujours à la suite d'un orage, et à la clarté de la lune qui brillait dans tout son éclat, je suivis d'abord assez bien mon guide.... Mais bientôt le chemin devint moins praticable.... C'était tout un long cordon de rochers demi-nus, qui s'élevaient pour ainsi dire en spirale; et là, je l'avoue, ce ne fut pas sans un secret sentiment d'inquiétude que je me surpris à me demander plus d'une fois, à l'aspect de ces lieux déserts, s'il n'était pas un peu téméraire, à moi de m'être ainsi risqué, sous la conduite d'un inconnu, à entreprendre un pareil voyage.

Au bout d'une heure environ nous fîmes halte; nous étions au terme de notre périlleuse ascension, et tandis que Francesco se débarrassait de sa carabine et de son carnier, j'interrogeai le site qui me parut merveilleusement choisi pour devenir le théâtre d'un drame. Autour de nous s'étendait un plateau de quelques toises qui couronnait le sommet de la montagne; il y régnait encore une certaine végétation, à en juger par l'herbe fine qui tapissait le sol, et dans l'un des angles, entre une anfractuosité du roc, s'élevait un bouquet d'arbrisseaux que je reconnus plus tard pour les débris d'un vieux mélèze foudroyé jadis par le feu du ciel.

Cependant le jour commençait à poindre, et de toutes parts les objets s'éclairaient, sortant du vague fantastique de la nuit pour prendre des formes plus arrêtées, plus précises. Évidemment nous nous trouvions sur le pic le plus élevé des Pyrénées, car nous dominions de beaucoup toute la chaîne des monts qui s'étendent depuis la Méditerranée jusqu'à la baie de Biscaye, et sous nos yeux se développait en amphithéâtre, tout un panorama immense qu'il me serait impossible de peindre.

—Souvenez-vous de nos conventions réciproques, me répéta mystérieusement mon guide, qui avait

disparu pendant quelques minutes.... Cachez-vous
avec moi derrière ce buisson, et là observez tout en
silence ; il est l'heure, et celui que j'attends ne peut
pas tarder à venir....

J'ouvrais des yeux grands comme des portes co-
chères, et depuis un bon bout de temps néanmoins
je me morfondais dans une vaine attente, me con-
solant de cette mystification par l'admirable spectacle d'un magnifique lever de soleil, quand tout à
coup le Corse me dit tout bas : *Le voici !* en même
temps que du doigt il me désignait à l'horizon un
petit point noir perdu dans le ciel.

C'était quelque chose de fort douteux encore....
un rien planant sous la nue.... le point presque imperceptible que, dans *Robin des Bois*, Richard montre
à Tony, pour lui faire éprouver la portée miracu-
leuse de ses balles.

Mais peu à peu ce point grossit, se développa,
prit une forme.... et je n'avais pas eu le temps de
la réflexion, lorsque m'apparut distinctement un
aigle d'une grandeur démesurée qui venait sur nous
fendant l'air comme un rameur habile fend l'onde,
sans précipitation, sans efforts, en ménageant sage-
ment chaque coup d'aile.

Il tenait dans ses serres un oiseau de la grosseur
d'une poule, que je reconnus bientôt pour un canard, à son cou allongé et pendant ; et traversant
justement au-dessus de nos têtes, assez près de

nous pour nous effleurer dans son vol, il s'abattit
au milieu d'une aire énorme placée à quelques pieds
de notre buisson et que je n'avais pas encore re-
marquée, masquée qu'elle était dans le roc, sous les
racines séculaires d'un chêne.

« Eh bien! à présent concevez-vous? me dit alors
à mi-voix Francesco, qui ne pouvait s'empêcher de
jouir de ma surprise : encore un halbran de moins
sur l'Étang vert du marquis de Moncade!... Puis on
ira partout me calomniant, disant, comme ce niais
d'Antonio, que je n'ai ni foi ni religion, que j'ai fait
un pacte secret avec le diable! Les sottes gens! C'est
la jalousie pourtant qui les anime ainsi contre moi.
Mais qu'ils prennent garde! je suis plus las qu'on
ne croit de toutes leurs calomnies, et je pourrais
bien un beau jour, si je perdais patience, clouer la
langue à l'un de ces bavards!

« Voilà tout mon secret, ajouta-t-il, et peu de
mots me suffiront maintenant pour me faire entièrement comprendre. Je ne sais si vous connaissez
les habitudes de l'aigle: mais une remarque que j'ai
eu occasion de vérifier vingt fois, c'est que cet oiseau, à l'instar de la cigogne, construit chaque année son aire dans les mêmes lieux. Celui-ci est un
aigle femelle de la plus grande espèce, qui depuis
quatre ans a constamment niché dans ces parages:
chaque printemps, lorsque les petits sont éclos, je
me débarrasse du mâle, certain qu'il s'en trouvera

un autre à la saison prochaine ; et profitant de l'absence de la mère, j'attache solidement les deux aiglons dans le nid, au moyen d'un anneau en fer
auquel est adapté une chaîne. Grâce à cet arti-
fice, leur éducation, qui se borne ordinairement à
trente jours, se trouve ainsi prolongée de plusieurs
mois ; et comme leurs besoins augmentent en pro-
portion du développement de leurs forces, plus ils
grandissent, plus ils se fortifient, et plus aussi, mul-
tipliant ses excursions pour les nourrir, leur pourvoyeur, ou plutôt le mien, déploie dans ses chasses
d'activité et de zèle. Soir et matin je suis ici à mon
poste, une heure auparavant que le soleil ne se lève
ou ne se couche. J'ai soin d'apporter dans mon carnier deux ou trois livres de viande crue, soit un
morceau de chair de mulet, soit quelque autre pât
de cette nature.... Je le jette aux aiglons affamés,
avant que l'aigle n'ait encore paru, et comme ils
viennent de se repaître au moment même où celui-
ci arrive, les serres chargées de son précieux butin,
c'est moi seul, lorsqu'il a repris son vol, qui pro-
fite de tout ce gibier devenu pour eux plus embarrassant qu'utile. »

Il n'achevait pas, qu'un lourd battement d'ailes se
fit entendre. C'était le royal oiseau qui reprenait
lentement son essor. A peine eut-il disparu derrière
nous, s'élançant majestueusement dans l'espace,
pour aller conquérir une proie nouvelle, que nous

courûmes ensemble, Francesco et moi, jusqu'à l'aire qu'il venait de quitter.

J'y aperçus effectivement deux aiglons enchaînés qui se dressèrent à notre aspect, faisant claquer leur bec avec une fierté sauvage. A côté d'eux gisait le canard intact, que pour ma part je me serais peu soucié de leur ravir. Mais le montagnard n'hésita pas à le faire, habitué qu'il était à leur manége.

« Allons, allons, mes petits amis, soyons bons enfants, leur dit-il, en faisant mine d'une main de les vouloir flatter, tandis que de l'autre il leur enlevait rapidement l'oiseau. — Encore un mois de captivité et vous serez libres ! »

C'était bien un halbran, ma foi ; un halbran tout à fait semblable aux deux infortunés dont nous avions soupé la veille au soir. Comme eux, ni plus ni moins endommagé par l'aigle, il n'était attaqué que par les yeux : blessure facile à expliquer du reste, si je m'étais rappelé que tout oiseau de proie, depuis le plus grand jusqu'au plus petit, commence toujours par aveugler ses victimes.

Nous redescendîmes tranquillement la montagne par le même chemin que nous avions suivi le matin même.

A la porte de Francesco, était assis maître Antonio Perez, paraissant caresser indifféremment son limier Bellérophon, mais fort inquiet au fond de notre longue absence : à notre aspect, et à la vue

surtout de ce troisième canard accusateur, que je
lui montrais en triomphe, ses terreurs comiques se
réveillèrent comme de plus belle, et déjà il s'apprê-
tait à nous lancer quelque épigramme de sa façon,
lorsque je l'arrêtai court, dans la crainte de voir les
menaces du Corse se vérifier aux dépens du pauvre
homme.

« Apprenez, mon brave Antonio, lui dis-je, tout
en prenant la main de notre hôte en signe d'adieu,
apprenez que vous n'êtes qu'un vieux visionnaire,
moins propre à tenir un fusil qu'à filer une que-
nouille ou à tourner un rouet parmi les commères
de votre village.... J'ignore si vous avez jamais mis le
pied dans une arène pour y simuler un combat de
taureaux; mais, sur mon honneur, vous êtes bien
le plus grand poltron que je sache; et si je forme
un vœu pour vous, mon cher, c'est de vous voir devenir un jour aussi bon piqueur que Francesco Malatesta, ici présent, est honnête chrétien, lui qui n'a
jamais donné personne au diable.... à moins que
ce ne soient les niais de votre espèce!

MORGAN LE LIMIER

OU

LA CROIX DU MEURTRE

MORGAN LE LIMIER

OU

LA CROIX DU MEURTRE

(Historique.)

.... Il avait plu toute la nuit par torrents, et quand
l'aube parut, le ciel encore chargé d'eau semblait
menacer d'un nouveau déluge la petite vallée de la
Vanne et ses vertes prairies. La nue, chassée par
un vent du sud assez violent, filait basse et rapide
vers l'horizon, enveloppant de ses teintes blafardes
les hauts peupliers de la Commanderie et le clocher
aigu du petit hameau de Noé.

Hormis le bruit monotone d'un moulin qui précipitait en cadence sa roue blanche d'écume, et celui des gouttes de pluie qui filtraient à travers la
couverture en chaume des maisons, ou tombaient
une à une des branches à demi dépouillées des ar-

bres, rien ne troublait encore le repos des habitants de Theil, que la solennité du jour (c'était un
dimanche matin), peut-être aussi le mauvais temps,
avaient rendus moins matineux que de coutume.

Cependant un volet poussé par une main vigoureuse s'ouvrit tout à coup à l'extrémité du tourne-
bride, espèce de petite place fort circonscrite, où
la route, se bifurquant, partage le village en deux
moitiés égales : bientôt après cria sur ses gonds
enroués la porte de la même maison, qu'à son emplacement à droite de la grille en fer d'un parc, et
encore mieux aux pieds de sanglier cloués sur la
muraille, il était facile de reconnaître pour le logement d'un garde : et un grand gaillard, en cas-
quette et en veste vertes, la bandoulière en sautoir,
signe distinctif des gens de sa profession, parut presque au même moment sur le seuil, examinant le
ciel comme un homme qui s'apprête à sortir, et
qui, se surprenant en retard, gourmande à part lui
sa paresse.

« Tu t'en vas, Savinien? dit, à l'intérieur et d'un
ton de reproche amical, la voix inquiète d'une
femme; tu as tort. Crois-moi, mon homme, attends
encore un peu.... le temps n'est pas sûr du tout; le
bois doit être bien mouillé, et si tu pars si tôt, tu
vas revenir trempé comme une soupe.

— Trempé ou non, je devrais déjà être loin d'ici,
répondit le premier personnage, tout en endossant

par précaution une blouse bleue qu'il venait de tirer du fond de son carnier. Oublies-tu, femme, que c'est aujourd'hui dimanche, et que les renards à deux pattes de Vareilles et de Cerisier sont encore sur pied, ce jour-là, de bien meilleure heure que d'habitude?... Tiens, je m'en veux d'être resté si longtemps à écouter le récit de tes rêves.... Tu es folle avec tes sottes terreurs et tes visions.... Adieu, Marie; adieu, ma petite Madeleine.... Soyez sages, mes enfants; je reviendrai déjeuner avec vous entre onze heures et midi, et je tâcherai, dans ma tournée, de passer par Champfêtu à la Tuilerie, pour vous rapporter le levraut de Denise. »

Disant ces mots, le garde descendit les trois marches placées devant sa porte qu'il eut en même temps le soin de tirer à lui, ouvrit l'un des côtés de la grille du parc, et sans prendre garde aux démonstrations bruyantes d'un superbe limier griffon qui, sorti de sa niche, à son approche, semblait, en le fêtant de la queue, le solliciter de le détacher de sa chaîne, il s'achemina, le fusil sous le bras, vers la forêt voisine.

« Ton maître ne veut pas t'emmener, mon pauvre Morgan? dit alors, par la croisée, la même voix de femme qui avait déjà parlé.... Tu es comme moi, n'est-ce pas? tu n'aimes pas à le voir partir seul, si bon matin, pour aller s'aventurer dans ces maudits fonds de la Roche-Noire, où il n'y a jamais de bonne rencontre à faire.... Allons, allons, tais-toi, mon brave, tais-toi.... Il fait un temps aujourd'hui à ne pas mettre un chien dehors.... »

Cette dernière réflexion était assez juste, mais elle fut peu du goût de l'animal ; et comme l'allocution lui était faite d'un ton plus compatissant qu'impératif, il se garda bien d'obéir, et loin de se calmer, semblable en cela à tout enfant gâté qui pleure et que l'on s'avise mal à propos de plaindre, son désespoir ne fit qu'augmenter de plus belle.

Désolé, hors de lui, presque furieux, il allait et venait dans une agitation croissante, piétinant, tournant sur lui-même, tantôt rentrant dans sa niche, tantôt s'en élançant brusquement en imprimant une forte secousse à sa chaîne ; et tout ce manége était accompagné, non plus de simples gémissements, mais de hurlements si lamentables, si plaintifs, que bientôt la meute entière de tout un chenil voisin confiné derrière les communs, à l'autre extrémité du château, se mit à faire chorus avec lui, et à soutenir sa lugubre complainte de ses cinquante voix plus ou moins discordantes....

« Voilà une musique peu harmonieuse pour les oreilles délicates de madame, dit en passant maître Pornic, le vieux berger, qui sortait alors du parc à la tête d'un magnifique troupeau de mérinos ; et m'est avis, maîtresse Notté, ajouta-t-il en s'adressant à la femme du garde qui parut en ce moment à la fenêtre de la maison, que vous ne feriez pas mal d'administrer une bonne correction à ce drôle.... L'effraie, qu'on n'avait pas entendue depuis le décès de M. le comte, a chanté toute cette nuit dans les ifs de la pièce d'eau des cygnes, ce qui n'est déjà pas un trop bon présage ; et lorsqu'un chien hurle ainsi sans motif, il est bien rare, vous le savez tout comme moi, qu'il ne pronostique pas quelque événement sinistre. On a beau ne pas être superstitieux, c'est là un signe malheureusement infaillible : il y a toujours danger de mort, soit pour nous-même, soit pour un parent ou un ami. »

Puis, comme depuis certain jour où Morgan, en habile limier, était venu flairer dans la gibecière du berger, un lièvre qu'il lui avait fallu, à contre-cœur, aller restituer à la cuisine, le vieux sournois n'avait pas cessé de lui garder rancune, se promettant bien, à la première occasion, de se venger de cette délation muette ; arrivé à quelques pas de la niche du chien, il leva soudain sa houlette et en déchargea sur les reins de l'animal un coup tellement bien assené, que le manche de l'instrument en bois de hêtre vola en morceaux entre ses mains, brisé par la violence du choc.

Le limier, ainsi frappé à l'improviste, fit un bond terrible en arrière, en poussant un long cri de détresse : l'anneau du collier qui le tenait à la chaîne rompit, et déjà maître Pornic, tout terrifié de voir

le gaillard libre, se préparait prudemment à jouer
des jambes dans la crainte qu'il ne se précipitât sur
lui dans un premier mouvement de colère; mais, à
sa grande satisfaction, il en fut quitte pour la peur,
car Morgan n'eut pas plutôt compris qu'il n'était
plus captif, que la joie l'emporta chez lui sur la
douleur, et que, se secouant d'un air de triomphe,
comme pour prouver son mépris à celui qui l'avait
frappé, il disparut en trois sauts par la grille du
parc, bousculant, dans sa brusque sortie, l'épais
bataillon de moutons effarés qui lui barraient le
passage.

« Où donc court-il ainsi, comme si le diable l'em-
portait? dit le berger remis de sa frayeur.

— Sur les pas de son maître, que je ne suis pas
fâchée de le voir rejoindre, répliqua la femme du
garde. Seulement, vous êtes un vieux brutal, monsieur Pornic, permettez-moi de vous le dire; et vous
mériteriez bien à votre tour qu'on prît une trique
pour vous redresser l'épine dorsale.... On sait pourquoi vous n'aimez pas ce chien, voyez-vous; mais
une autre fois, tâchez de ne pas le battre, autrement
je le dirais à mon mari, et nous verrions si lui, qui
n'a pas plus de patience qu'il n'en faut, prendrait
vos corrections aussi tranquillement que ce pauvre
animal. »

Deux heures s'étaient à peine écoulées depuis ce
petit incident qui n'avait pas eu d'autres suites, et

la femme de Savinien Notté, assise devant son étable, était en train de traire une de ses vaches, tandis que Marie, la plus jeune de ses filles, jouait
tranquillement à ses côtés, quand tout à coup un
homme parut en dehors de la grille du parc, et,
prenant en main le pied de biche tout raccorni suspendu par un fil de fer à l'un des angles des deux
pilastres du mur, agita violemment la sonnette qui
se trouvait placée juste au-dessus de la maison du
garde.

« Entrez! s'écria, sans même tourner la tête, notre
ménagère alors tout absorbée par des soins beaucoup trop importants pour s'en laisser distraire, entrez!... Eh! que diable! murmura-t-elle plus bas,
quand on trouve la porte toute grande ouverte
comme celle-ci, on ne fait pas tant de cérémonie....
Quelque pauvre honteux, sans doute.... »

L'homme franchit la grille. C'était un paysan
assez mal vêtu, et dont le signalement n'eût été à
coup sûr ni long ni difficile à faire : tout son costume consistait simplement en une méchante blouse
en toile, un pantalon de velours trop élimé pour
qu'on distinguât sa couleur primitive, et en une
paire de vieux sabots, garnis intérieurement de
gros chaussons de laine.

« Pardon, not'bourgeoise, si j'vous dérangeons,
dit-il d'une voix mal assurée et tout en retournant
dans ses mains une espèce de bonnet crasseux, jadis

rayé rouge et bleu, assez semblable à ceux dont se coiffent les pêcheurs de Dieppe.

— Tiens! c'est toi Polette, répliqua son interlocutrice après avoir jeté un coup d'œil par-dessus son épaule pour savoir quel était l'individu qui s'exprimait ainsi derrière elle.... Avance donc un peu, mon garçon.... Moi, quand les gens me parlent, je te le dis franchement, je n'aime pas qu'ils se cachent derrière mon dos, et je préfère les voir en face. »

Et comme le personnage semblait ne pas comprendre le sens de cette invitation, immobile qu'il restait à la même place, Fanchette, par un mouvement rapide, retourna brusquement l'escabeau qui lui servait de siége, et se mit sans plus de façons à envisager tout à son aise ce nouveau venu, beaucoup trop distrait et trop timide pour elle.

« Comme tu es pâle, lui dit-elle avec inquiétude, tandis que le drôle, les yeux fixés sur la terre, osait à peine soutenir le regard scrutateur qui interrogeait sa figure décomposée et livide.... Est-ce que par hasard tu sors d'être malade?

— Non, not' bourgeoise, non, repartit le paysan, essayant de prendre un ton dégagé qui ne s'accordait nullement avec l'embarras de sa physionomie. Jusqu'au jour d'aujourd'hui la santé, grâce à Dieu! n'est pas c'qui va pire... c'est les espèces, autrement dit la bourse qui s'portont mal.... L'ouvrage n'va pas fort c't'année, comm' vous savez. C'pendant l'pain est d'pus en pus cher; et d'pis qu'vot'mari s'est z'opposé à c'que M. Roncin, l'fermier d'Madame, m'ait gagé comme d'habitude pour la moisson…. Ah! dam'… c'est pas pour dire, mais ça m'a porté z'un rude coup, et j'ons eu ben du mal à gagner not' pauv' vie….

— Dame! aussi Polette, que veux-tu? c'est ta faute, répondit la femme du garde, et tu ne dois t'en prendre qu'à toi de ta misère…. L'an dernier, quand on fauchait les prairies du parc, pourquoi, au lieu d'imiter tes camarades et de te mettre sérieusement à la besogne comme eux, ne t'occupais-tu, si tu t'en souviens, qu'à dénicher nos œufs de faisans et de perdrix? Plus tard, à la mi-août, lorsque l'on a coupé les avoines et les blés, pourquoi, avec ton digne acolyte Berthaud, pourchassais-tu sous les javelles nos perdreaux et nos lièvres, que le lendemain vos femmes s'en allaient colporter à la ville? La chose a été sue, ébruitée…. car tôt ou tard tout se sait dans ce bas monde, ajouta-t-elle sans faire attention à l'impression étrange que produisaient sur son auditeur ces dernières paroles; et de là, la mesure peut-être un peu sévère que l'on s'est vu forcé de prendre à ton égard…. »

Puis, comme le braconnier se taisait :

« Pauvre homme! quatre enfants et une femme à nourrir, et pas d'ouvrage! C'est dur tout de même!

fit-elle en poussant un soupir, car, après tout, il faut vivre.... Et tu venais ici?...

— J'venions pour voir Savinien, répondit le paysan. Vous savez qui gn'ia z'environ deux mois qu'i m'a soi-disant trouvé sur la brune, embusqué z'au car'four du Trou-Morvan?

— Où tu étais à l'affût d'un chevreuil? Je sais cela, dit Fanchette.

— Que l'feu du ciel me consumiont tout grouillant si c'est vrai! se hâta de riposter notre homme, corroborant ainsi le mensonge par un blasphème....

— Cependant.... si j'en crois ce que Savinien m'a raconté, le délit était assez flagrant, assez palpable.... Tu étais tapi au beau milieu des genêts.... comme une couleuvre?

— J'n'en disconvenons pas....

— Ton fusil était chargé de deux balles?

— J'n'en disconvenons pas encore....

— Et quand notre homme t'eut découvert et s'avança vers toi pour te déclarer un procès-verbal, tu le mis en joue, le menaçant, s'il faisait un seul pas, de faire usage contre lui de ton arme?...

— Qui? moi? Oh! jour de Dieu.... queu malheur! a vous pu jamais croire à c'cont'-là, not' bourgeoise?... Moi, Jean-Florentin Polette! s'exclama le braconnier d'un ton moitié indigné, moitié câlin, un homm' sans perversité ni malice, qui n'voudrions pas tant seulement arracher un poil z'à un chien, m'mettr' en rébellion z'avec la loi, coucher en joue comme un lapin un honnêt' père d'famille dans l'exercice d'ses fonctions, et qui n'a qu'sa place pour vivre.... En v'là z'une d'calomnie! Tenez, j'voulons pas faire de tort à vot' mari; mais quand il a consigné c'te dernière circonstance dans son rapport, il en a menti.... comm' un chien.

— Menti? interrompit Fanchette.

— Oui-da! il en a menti effrontément, d'vant Dieu et d'vant l'z'hommes!

— Polette!... Polette!... prends garde à ce que tu dis! Savinien est incapable d'une mauvaise action.... Voilà dix ans tout à l'heure qu'il est assermenté, et tout le monde lui rend du moins cette justice dans le pays, qu'il n'a jamais volontairement essayé de faire tort à personne.

— Alors l'z'apparences l'y auront donné la barlue, dit le braconnier sans s'émouvoir; car l'fait est que c'soir-là, quoiqu'j'ont été pris le fusil en main, j'étions, saperlotte! aussi innocent du délit dont on n'z'a accusé, que c'viau qui tétiont sa mère. V'là l'fait, mam' Savinien; j'vous en font l'juge vousmême : Vous savez qu'c'était la fête à Véron, l'dimanche 15 de septembre, il y a just' au jour d'aujourd'hui deux mois. L'après-midi, j'étions tranquillement assis cheux nous, à preuv' que j'fumions une pipe su l'pas d'not' porte, quand vint z'à passer l'ami Brodin, l'garde champêtre.

« Comment ! paresseux, qui m'dit, dit-il, c'pauv'
cher homme, tu restes là tranquillement les bras
croisés, quand l'z'autres là-bas se disputiont au fusil
des prix qu'si tu voulais, t'escamot'rais tous d'em-
blée ? Ah ! qui m'dit, dit-il, j'te reconnaissons pas,
Polette.... un guigneux comm' toi, c'est z'un'
honte.... T'as donc peur qu'ça t'fasse tomber les
dents, d'manger ta soupe dans d'l'argent'rie ?...

« Moi, dam' ! vous concevez, v'là qu'ça m'monte,
ça m'allume.... Y passait du monde qui entendiont
not' conversation, et ma fine ! sans être fiar, on a
tout d'même son brin d'gloriole.... mon fusil étiont
au croc.... j'l'empoigne....

« Comben, père Brodin, qu'avant z'une heure on
vous a encore fait son p'tit coup d'broche ? Deux
litres à cinq chez Vincent ?

« T'es t'un bon enfant, qui m'dit, dit-il ; tope là,
et va pour deux litres. Quand j'devrions les payer
de ma bourse, je n'serions pas fâché d'les boire à
ta santé....

« Une demi-heure après j'étiont à Véron, derrière
l'église, et il étiont temps, morbleu ! l'z'autres aviont
déjà fait rafle.... Y n'restait plus qu'une cuillère à
ragoût pour tout potage.... et encore falliont voir
l'z'amateurs.... Je m'inscrivons.... les trois coups
de caisse résonnent.... enfoncés les paroissiens et
l'père Brodin ! la cuiller à ragoût étiont dans l'sac....

« Ce biau coup fait, j'nous en revenions à Vareilles, et sans y penser, car c'est ben l'pus long, j'avions pris par l'bois des Pucelles, quand, arrivé à la hauteur du Trou-Morvan, v'là-t-il pas que j'apercevons un homme avec un fusil qui s'avançait à not' rencontre, en s'coulant z'à pas de loup par l'petit sentier qui longe l'ravin des Uzelles.

« Fameux! que j'dis…. Gageons qu'c'est c'braconnier de Berthaud qui veniont se mettre à l'affût pour tâcher de décrocher c'te chevrette qu'on voit toujours rôder avec son faon dans ces parages…. En v'là z'un qui n'est pas z'honteux, par exemple….

« Puis, comme l'individu approchiont toujours sans qui m'fut, du Dieu! possible, à cause de la nuit qui tombiont, de lire ben positivement son nom su sa figure :

« Si j'y donnions une bonne leçon, que j'm'dis comm' ça, z'à part moi…. si j'me cachions dans ces genêts, et que, quand y sera tout proche, je me montrions tout à coup, en lui criant : Bouge pas ou t'es mort!… histoire d'rire.

« Ma fine! la farce étiont bonne…. J'n'eûmes que l'temps de quitter la route pour nous blottir au bord du bois; et quand Savinien arriva devant moi, aussi vrai que l'jour de Dieu nous éclaire, j'étions si sûr qu'c'était Berthaud, qu'c'ne fut qu'au parler, qu'nous reconnûmes trop tard not' méprise.

— L'histoire est assez bien trouvée, dit Fanchette, et je souhaite qu'elle soit vraie, ajouta-t-elle en

examinant plus attentivement le braconnier, quand
ce ne serait que pour l'acquit de ta conscience....
Mais en ce moment Savinien est sorti, et....

— Sorti? interrompit le paysan, avec un étonnement tellement bien joué, qu'il eût dérouté le juge
le plus habile.... Et vous n'savez pas quand y rentrera, not' bourgeoise?

— Je ne l'attends pas avant midi, et encore ne
puis-je compter exactement sur lui à cette heure-là,
répondit la femme du garde. C'est aujourd'hui dimanche, et quelquefois dans sa tournée, on ne sait
pas, une rencontre inattendue, des amis....

— Oh! queu fatalité! s'exclama de nouveau Polette.... Un pareil guignon n'arriv'ra qu'à moi....
Hélas! hélas! c'est z'après-demain mardi, ni plus
ni moins, qu'mon affaire est z'invoquée au parquet
de M. le substitut du procureur du roi, continua-
t-il, et j'venions tout exprès de Vareilles pour essayer d'apitoyer z'un peu vot' homme; qui m'charge
pas trop d'vant la justice, ma bonn' m'ame Notté.
Obtenez ça su l'y, vous qu'avions pus d'crédit
qu'moi.... j'vous en prions.... J'ons quat' grands
enfants, comme vous disiez tout à l'heure, fit-il en
fondant en larmes, et not' femme, demain ou après,
va p't-être nous en donner un cinquième....

— Ta femme est sur le point d'accoucher? reprit
Fanchette, tout émue en apprenant cette nouvelle.

— Hélas! oui, not' bourgeoise, répliqua l'astucieux braconnier. Pauv' petiot ! ç'a n'viendra pas dans un bon moment.... Mais, bah ! ç'a n'a pas d'mandé z'à venir au monde ; et quoiqu' pauv', quoiqu' souvent sans pain, y faudra c'pendant ben qu'on fasse pour lui comm' pour l'z'autres et qu'on l'élève.

— Infortuné ! dit Fanchette, en embrassant la petite Marie qui était venue se placer sur ses genoux pendant la dernière partie de ce colloque. Je parlerai pour toi à Savinien, Polette.

— Et moi aussi, fit l'enfant, rejetant en arrière les boucles soyeuses de sa jolie chevelure. Soyez tranquille, mon brave homme, sitôt que papa rentrera, je lui demanderai grâce pour vous ; je lui dirai qu'il ne faut pas vous mettre en prison.... car il n'y a que les méchants qu'on met en prison, pas vrai, maman Fanchette ? »

Et pour toute réponse, la pauvre mère, heureuse et fière, déposa un second baiser sur le front pur de l'enfant, comme pour la remercier de sa pensée charitable.

C'était un charmant tableau, tout à fait digne du pinceau de Duval le Camus ou de Greuze :

A droite, l'entrée d'un parc et une simple maison de garde, un seul étage, des contrevents verts, un rosier de Bengale encadrant la porte de ses fleurs tristement penchées sous cette froide pluie d'automne ; à gauche, une vaste allée sablée, serpentant à travers la pelouse, un massif de haute futaie, laissant apercevoir par une trouée deux cygnes voguant mélancoliquement sur la surface brumeuse d'une pièce d'eau voisine.

Voilà pour le paysage.

Quant aux accessoires animés, aux personnages, on n'eût pu mieux les grouper dans l'intérêt même de la scène : d'un côté, une superbe vache, noire et blanche, attachée auprès d'une étable et dont les trayons, à peine dégonflés, venaient d'emplir une terrine de grès d'un lait tout pétillant d'écume; de l'autre, une jeune et jolie paysanne assise, tenant sur ses genoux une petite fille aux blonds cheveux, dont la joue rose semblait inviter les lèvres ; et plus loin, à quelques pas, comme une ombre portée au tableau, un homme au regard louche, à la figure sombre et sinistre. Ici le calme de la vertu, les joies innocentes de la famille.... là les secrètes terreurs du coupable et le remords rongeur, cette première punition du crime.

« Madeleine ! » appela Fanchette.

A ce nom, une jeune fille d'une dizaine d'années environ sortit de l'intérieur du logis et parut sur le seuil de la porte. Sa mère lui fit signe d'approcher et lui parla bas à l'oreille.

« Attends un moment, Polette, » ajouta la femme du garde pendant que l'enfant retournait sur ses pas ; puis, quand la petite fut revenue et lui eut remis ce qu'elle l'avait envoyée chercher :

« Mon ami, nous ne sommes pas riches, dit-elle au braconnier ; mais ta position et celle de ta malheureuse femme me touchent. J'avais là quinze francs.... c'est tout le fruit de longues économies.... accepte-les, continua-t-elle ; mais surtout pas un seul mot, sur ce petit service, à Savinien, qui m'accuserait peut-être d'être trop prodigue ; et puisse ce faible secours, insuffisant sans doute pour faire face à tous vos besoins, procurer du moins quelques douceurs à ta femme quand viendra l'instant de ses couches. »

Le braconnier tendit la main ; et comme Fanchette y plaçait l'argent, elle aperçut de larges taches rouges fraîchement imprégnées tout autour du poignet de sa chemise.

« Du sang ! » s'écria-t-elle involontairement.

Polette retira sa main avec effroi et la cacha précipitamment sous sa blouse.

« Ah ! lui dit la femme du garde, moitié sérieusement, moitié en riant, nous avons encore à nous reprocher un meurtre....

— Un meurtre ! reprit le paysan, pâle et défait, et dont une contraction nerveuse agitait tous les membres.... qui a parlé d'meurtre ?... j'vous jurons....

— Allons, allons, point de faux serment, j'en ai vu assez, répondit son interlocutrice. Tiens, va-t'en avant que mon mari ne rentre. Ou aura beau faire avec toi, tu seras toujours incorrigible. »

Le braconnier ne se le fit pas dire deux fois, et prenant congé de sa bienfaitrice, il se dirigeait rapidement vers la grille, quand, au moment de la franchir et avant qu'il eût eu le temps de se reconnaître, il se sentit tout à coup terrassé sous un choc imprévu et violent. C'était Morgan, le limier, écumant, furibond, hors d'haleine, qui, sans autre forme de procès, venait de se précipiter sur lui, l'avait renversé sur le dos, et, le tenant à la gorge, sans la cravate de laine qui lui enveloppait le cou, l'eût à l'instant même étranglé sous sa dent puissante et terrible.

Aux cris étouffés du malheureux plusieurs voisins s'empressèrent d'accourir; Fanchette elle-même vola à son secours une des premières; mais ni sa voix, ni les menaces des personnes présentes n'arrêtèrent la fureur du chien, et indubitablement il eût mis l'homme en pièces, si l'un des spectateurs, à l'aide d'une barre de fer introduite avec effort entre ses dents, ne l'eût forcé à lâcher prise, tandis que deux autres cherchaient à l'enlever de dessus le corps de sa victime.

Lorsqu'on releva Polette, il était plus mort que vif, et c'est à peine, dans sa frayeur, s'il put articuler une parole. Quant au limier, on n'eut que le temps de l'enchaîner à sa niche, et là, dans sa rage impuissante, les yeux flambloyants, le poil hérissé, il éclata en cris tellement sauvages, que tous les assis-

tants effrayés, craignant qu'il ne rompît ses liens
pour se ruer de nouveau sur le paysan auquel il paraissait en vouloir toujours, engagèrent celui-ci à
partir sur-le-champ pour ne point l'irriter davantage. Et en effet, à peine eut-il disparu, que l'animal devint plus calme et plus tranquille....

Alors la femme du garde prit un fouet, et, menaçant Morgan du geste, elle s'avança vers lui pour le
corriger et le battre; mais elle n'était pas encore
près de lui qu'une éloquente pantomime avait désarmé sa colère et protestait, de la part du chien, de
sa soumission toute passive; couché humblement
contre terre, à mesure que sa maîtresse approchait,
il balayait le sol avec sa queue en signe de joie et
d'allégresse; et quand elle fut tout contre lui, il se
mit à ramper à ses pieds, à les lui lécher avec des
gémissements si pathétiques, qu'elle se sentit émue
malgré elle : ce n'était point l'accent ordinaire d'un
chien repentant, qui demande pardon d'une faute;
il y avait des sanglots dans cette voix plaintive, des
larmes dans ces yeux tout à l'heure si courroucés,
maintenant humides de tendresse; et l'animal con-
templait Fanchette avec un regard si particulier,
une expression si singulière de désespoir à la fois
et de tendresse, qu'au lieu de le frapper, comme
elle en avait d'abord l'intention, elle ne put s'empêcher de le flatter de la main et de lui rendre caresses pour caresses.

Sorti des équipages du marquis de Fleurigny, qui possédait alors la plus belle meute du département de l'Yonne, Morgan avait été donné, à l'âge de six semaines, à Savinien, et c'était Fanchette qui l'avait élevé avec tous les égards et les soins dus à l'excellence de sa race, ainsi qu'à la noblesse de son origine tant soit peu aristocratique. Devenu superbe, d'une taille et d'une force peu communes, le griffon n'avait pas tardé à se faire, grâce aux leçons de son maître, la réputation d'un intrépide limier.... C'était à lui, sans contredit, que de son vivant le comte de S..., le propriétaire du château de Theil, avait toujours dû ses plus belles chasses : que de sangliers habilement détournés, même par les temps les plus secs, alors qu'on pouvait à peine en revoir sur ces routes altérées, sur ces gazons desséchés et brûlants!... que de vieux solitaires coiffés sans hésiter, alors que toute une meute, hurlant autour d'un fourré, remplissait la forêt d'inutiles aboiements, et balançait, indécise, attendant qu'un assaillant plus hardi affrontât le premier le boutoir tout sanglant du monstre.... Du reste, aussi doux après l'action qu'il était terrible dans le combat, l'animal le plus inoffensif, le plus pacifique une fois qu'il avait quitté la chasse, jamais au logis, habitué qu'il était à vivre avec les enfants du garde, Morgan n'avait rien montré de la férocité sauvage trop commune chez ceux de son espèce. Limier indomptable en forêt, altéré

de sang et de carnage, une fois rentré à la maison,
il redevenait d'une douceur, d'une longanimité qui
ne s'étaient jamais démenties, quoique souvent les
filles de Savinien missent sa patience à de cruelles
épreuves; il semblait que le lion se métamorphosât
en agneau et déposât à la porte ce caractère belli-
queux qui, sur le champ de bataille, en faisait un
si terrible ennemi.

« Qu'est-ce que vous avez fait là, Morgan? lui dit
sa maîtresse avec douceur. Vous précipiter ainsi sur
ce pauvre diable? Et quelle dent avez-vous contre
lui, s'il vous plaît?.... Est-ce que vous flairez les
braconniers maintenant? Allez, allez, monsieur
le drôle, continua-t-elle en le touchant du bout
de son fouet, et ne recommençons pas, je vous
prie.... »

Le chien rentra dans sa niche, puis, comme il vit
que Fanchette allait s'éloigner, il en ressortit aussitôt et la saisit par le bas de sa robe.... Il semblait
l'implorer, ne pas vouloir la quitter, et à le voir,
s'attachant ainsi à sa maîtresse avec un regard sup-
pliant, il ne lui manquait que la parole.

« Bien, c'est bien, mon chien...., reprit la femme
du garde, croyant qu'il voulait s'humilier davantage. On te pardonne pour cette fois... mais laisse-
moi. »

Cependant l'animal ne la lâchait plus et la con-
templait toujours avec son même regard.

« Ah çà ! qu'est-ce que tout ce manége signifie? »
murmura Fanchette.

Morgan remua la queue en silence....

« Et ce maître, et Savinien, où est-il? »

A ce nom, un éclair brilla dans les yeux de Morgan, et il poussa un sourd gémissement.

« Vous l'avez quitté, Savinien?.... votre bon
maître? »

Même pantomime.... même expression de douleur.... seulement, sans laisser aller la robe, il fit
un pas du côté de la grille, et tirant sa maîtresse
après lui aussi loin que le lui permettait sa chaîne,
il avait l'air de lui dire : Détache-moi, suis-moi et
je te servirai de guide.

A ce langage muet, mais si éloquent qu'il était
impossible de ne pas le comprendre, un affreux pres-
sentiment agita le cœur de la jeune femme; soudain
lui revinrent à l'esprit ses appréhensions, ses craintes, ses rêves, horrible cauchemar où elle avait vu
son mari percé de coups, sanglant, défiguré, et qui,
la nuit dernière, étaient venus agiter son sommeil....
Elle poussa un cri d'effroi, car elle avait dès ce moment la certitude de quelque événement funeste,
et, s'armant cependant de résolution et de courage,
elle détacha sans hésiter Morgan, qui se mit à bon-
dir devant elle.... Il allait et venait de la grille du
parc vers le chemin, dans une perplexité toujours
croissante, invitant plus que jamais sa maîtresse à

marcher sur ses pas.... et, ô terreurs! appréhensions lugubres! sa course, qu'il suspendait ou précipitait tour à tour, se réglant sur les moindres
mouvements de Fanchette, se dirigeait, à n'en plus
douter, vers la forêt, par le sentier même qu'avait
dû prendre le garde.... Il n'y avait plus à hésiter :
l'infortunée tout en pleurs s'élança à la suite de
l'animal, et bientôt une vingtaine d'habitants du
village, hommes et femmes, témoins de cet étrange
événement qui circulait déjà de bouche en bouche,
formèrent à Morgan un cortége imposant, où l'intérêt, la curiosité et la pitié se partageaient déjà tous
les cœurs.

Arrivée au haut de la butte des Vaumorans, où la
forêt commence à s'étendre en amphithéâtre, la
troupe se grossit d'un nouvel auxiliaire, d'Antoine
Notté, le frère de Savinien, garde particulier de
M. F..., propriétaire limitrophe; ce fut lui qui, prenant le limier en laisse, se chargea, dans sa juste
anxiété, de diriger les recherches au milieu de ces
bois dont il connaissait les détours : du reste, les per-
quisitions n'étaient que trop faciles; il n'y avait qu'à
suivre, pas à pas, Morgan, ce guide intelligent, dont
l'impatience contenue à grand'peine indiquait toutes les voies de son maître, encore imprimées çà et
là le long des ornières fangeuses de la route.

Déjà l'on avait dépassé le carrefour d'Avon, puis
la Tête-de-Bœuf, puis Champfêtu, la Tuilerie, où

l'on avait su, par Denise, que Savinien était passé
trois heures auparavant, emportant dans son carnier le levraut dont il avait parlé le matin à ses filles.
Après avoir fait un long circuit, des bruyères de la
tante à Moreau aux ajoncs du Bois-des-Mariés, de
l'autre côté de la Faisanderie, on touchait enfin aux
fonds de la Roche-Noire, l'endroit le plus désert et
le plus giboyeux du canton, quand Morgan, imprimant une secousse vigoureuse à son trait, s'échappa
des mains qui le tenaient captif, et disparut en courant au bout d'un étroit sentier par lequel on plonge
dans l'espèce d'entonnoir à pic, où viennent s'en-
gouffrer les trois routes de Denain, de la Houssaye et
de Kell.

« Restez là, mes amis, dit Antoine à ceux qui le
suivaient en silence, il est inutile que vous descendiez dans ce précipice.... » Mais tandis qu'il s'était
arrêté, une femme, s'élançant tout à coup, avait
franchi sans crainte cette descente périlleuse et rapide : c'était Fanchette, qui ne fut pas plus tôt arrivée
en bas, qu'un long cri d'horreur et d'épouvante,
jeté par elle, glaça d'effroi toute l'assemblée....

Savinien était retrouvé.... mais en quel état, grand
Dieu! un cadavre étendu sur la terre et nageant
dans une mare de sang.... Atteint de deux coups de
feu, l'un à l'épaule droite, l'autre au cœur, le malheureux avait été assassiné! son fusil n'était point à
ses côtés; son carnier ne contenait plus le lièvre

qu'il avait pris en passant à la Tuilerie : et sa plaque
de garde, enfoncée avec une partie de ses vêtements
au milieu même de sa poitrine, prouvait que le second coup, le coup mortel, avait dû lui être tiré à
bout portant par le misérable dont il était tombé
victime.... On emmena Fauchette expirante.... Quant
à Morgan, couché sur le corps de Savinien, il fut
impossible de l'en séparer, et quand la gendarmerie et le substitut du procureur du roi, immédiatement prévenus, se rendirent, quelques heures après,
sur le théâtre du crime, le chien était toujours à son
poste, léchant les blessures de son maître.

On fit la levée du corps après avoir rempli les
formalités d'usage.... Le jour même l'enquête commença, mais quel était le meurtrier?.... Malheureusement nul soupçon, nul indice ne venaient
éclairer les recherches des magistrats et les mettre
sur la voie du crime.... La seule pièce de conviction
à fournir au procès était une bourre retrouvée à
côté du cadavre. Quoique à moitié brûlée, on recon-
nut, dans ce chiffon de papier tout noir de poudre,
une feuille imprimée, détachée de l'un de ces petits
almanachs que l'on colporte, dans les campagnes,
sous le nom de *Mathieu Laensberg*. Le numéro de la
pagination existait encore. C'était la feuille 143-144.

Cependant la nuit vint, et quoique plongée dans
le plus violent désespoir, absorbée par sa douleur et
ses larmes, la veuve du garde n'en rassembla pas

moins ses idées jusque-là confuses. Comme elle ne supposait à son mari aucun ennemi personnel, il fallait bien, pour découvrir l'assassin, que ses soupçons tombassent sur quelque braconnier, et elle se mit à passer en revue tous ceux qu'elle connaissait, soit dans les environs, soit dans la commune.

A la tête des individus dont elle pouvait se méfier à juste titre, se plaçait naturellement ce Jean Florentin Polette qui était venu la voir dans la matinée. C'était un mauvais sujet, un fainéant, d'une réputation fort équivoque dans le pays, passant toutes ses journées au cabaret, et une partie de ses nuits à l'affût où il avait été surpris mainte et mainte fois. Sa contenance embarrassée lors de sa visite, le sang qu'elle avait remarqué sur sa chemise, la fureur de Morgan, ordinairement si doux, lorsqu'il avait rencontré cet homme franchissant la grille, tout éveillait en elle des doutes qu'une plus ample instruction pouvait changer en certitudes : et lorsque, le lendemain matin, le tour de son interrogatoire arriva, elle n'hésita pas à faire part aux magistrats de ses soupçons contre ce misérable....

Un mandat d'amener fut lancé contre Polette, et une perquisition préalable ordonnée à son domicile à Vareilles, sous la conduite du brigadier de la gendarmerie et d'Antoine Notté, le propre frère de la victime.

Quand on se présenta chez lui, Polette était absent.... On se livra sans résultat aux plus minutieuses recherches : déjà même on parlait de se retirer, se contentant de cette visite domiciliaire infructueuse, quoique conduite avec intelligence et zèle, lorsque Morgan, qu'Antoine avait emmené, ne voulant pas désormais que le limier eût d'autre maître que lui, fit tout à coup et par le plus grand des hasards, une trouvaille sans importance d'abord, mais qui bientôt amena la découverte du coupable.

Tandis que l'on cherchait dans tous les coins, sans rencontrer la moindre preuve du crime, et que la femme du braconnier protestait par ses larmes de l'innocence de son mari, Morgan furetait de son côté du grenier au fournil, sous le lit, sous les bahuts, derrière les meubles, ainsi que font la plupart de messieurs les chiens ses confrères. Or comme on s'en allait, le brigadier de gendarmerie qui sortait le dernier et franchissait déjà le seuil de la maison, l'aperçut qui grattait avec sa patte à la porte d'un petit caveau noir construit sous la cage de l'escalier.... Il revint sur ses pas, et machinalement ouvrit ce recoin que l'on n'avait pas visité....

Le griffon allongea la tête et sortit des ténèbres une peau de lièvre fraîchement écorché.

« Ah! ah! la bourgeoise, dit le brigadier à la femme du paysan, vous prétendiez si bien que votre mari n'allait plus à l'affût.... il paraît néanmoins qu'il ne veut pas perdre le goût du civet.... Hé! monsieur Antoine, ajouta-t-il, faites donc attention à votre chien, il a eu meilleur nez que nous, car voyez ce qu'il vous apporte. »

Antoine Notté prit la peau de lièvre que lui présentait Morgan, et rentra dans la maison avec l'autre gendarme.

« Celui-ci a-t-il été tué au fusil ou pris au collet? demanda le brigadier.

— Ni l'un ni l'autre, répliqua le garde, retournant la peau de l'animal du côté du poil avec une agitation fébrile.... »

Puis, après une inspection rapide : « Comment cette peau de lièvre est-elle en votre possession? demanda-t-il à la femme interdite.

— Je ne sais, balbutia celle-ci toute tremblante.

— Eh bien! je le sais, moi, et je m'en vais vous le dire, s'écria Antoine frémissant de rage : ce lièvre.... votre mari l'a volé hier dans le carnier de mon frère qu'il a lâchement assassiné à la Roche-Noire, le misérable! Ce lièvre, en un mot, messieurs, c'est le levraut de ma fille Denise; et aussi vrai que je lui ai moi-même coupé l'oreille gauche pour le reconnaître, si par hasard il s'échappait; — disant cela, il montrait effectivement la mutilation subie par l'animal; — aussi vrai, Polette fera bien de prendre garde à sa tête, car elle ne lui tient plus guère entre les deux épaules.

« O le gueux, l'infâme! ajouta-t-il.... Un méchant

crapaud, qui ne vous a que le souffle, pas plus haut
que votre botte, brigadier, et qu'on vous mettrait
sur le cul d'une chiquenaude, vous tuer une créature de Dieu comme mon frère, un homme de cœur
et de taille, un luron qui vous en aurait mangé
dix comme lui.... Ah! qu'il ne me tombe pas sous
la main.... car je ne répondrais pas de moi, et son
procès serait bientôt fait, le traître ! »

Le soir même, le braconnier était arrêté dans un
cabaret des Auberts, et convaincu par cette circonstance accablante à laquelle se joignit bientôt une
autre charge non moins terrible, la saisie opérée
chez lui, après une perquisition nouvelle, de certain almanach, parmi les pages déchirées duquel figurait justement la bourre ramassée sur
le terrain, il n'hésitait plus, peu de jours après
l'événement, à déclarer qu'il était le meurtrier du
garde....

Seulement un point important restait à débattre :
le braconnier prétendait n'avoir tiré sur Savinien
qu'à son corps défendant, et après que celui-ci
avait, le premier, fait usage contre lui de son arme.
Pour vérifier le fait, il s'agissait d'abord de retrouver le fusil de la victime, qui avait disparu comme
le lièvre.... Polette avoua l'avoir caché dans le bois,
afin de s'en servir, confessa-t-il naïvement, pour
retourner à l'affût le soir ou le lendemain de son
crime; et sur les indications précises qu'il donna,

on le découvrit en effet, enterré à l'angle d'un taillis, sous un énorme tas de bourrées.

Les deux coups étaient encore chargés.... Sur l'observation qu'on en fit au prévenu, il ne parut point se décontenancer, et répondit que pour ménager sa poudre et son plomb il avait lui-même rechargé l'arme dont il avait essuyé le feu sans être atteint, avec les propres munitions du garde. Invité à spécifier la charge, il dit qu'elle se composait de poudre ordinaire, de plomb entre les nᵒˢ 6 et 4 ; et que, quant aux bourres, elles étaient en papier, sans que sa mémoire un peu confuse lui permît de se rappeler exactement s'il était blanc ou gris, écrit à la main ou imprimé.

Acte pris de sa déclaration on débourra le fusil : chaque canon contenait : celui de droite, deux balles ; celui de gauche, un lingot et cinq chevrotines. A l'inspection de la poudre, déjà oxydée par la rouille, la charge, à dire d'expert, remontait au moins à une quinzaine de jours ; enfin les bourres, taillées à l'emporte-pièce, étaient en feuille de feutre.

Après une vérification si concluante, il n'était plus possible au braconnier de persister dans son système de défense : il rétracta donc ses premiers aveux dont la fausseté était démontrée, et se décida, dans l'espoir d'émouvoir la pitié de ses juges, à faire un récit plus circonstancié et plus fidèle.

Il raconta comment, le dimanche matin, 15 novembre, il était parti avant le jour de Vareilles, pour se poster à l'affût à la rentrée d'un lièvre.... comment il était caché dans les fonds de la Roche-Noire, attendant patiemment qu'une pièce de gibier se présentât à portée, quand il avait vu paraître au haut du petit sentier qui descend dans ces mêmes fonds, Savinien Notté le garde, qui, les mains dans les poches et le fusil sous le bras, se dirigeait justement de son côté, suivi de Morgan, son fidèle limier.... comment il l'avait couché en joue, quand le malheureux qui venait de l'apercevoir trop tard, n'était plus qu'à dix pas de lui, et comment son premier coup étant parti involontairement, par une maladresse inconcevable, n'ayant plus la tête à lui et craignant d'être dénoncé par le blessé, il s'était vu contraint de l'achever à bout portant, bien que l'infortuné, l'épaule fracassée, se traînât tout sanglant à ses pieds, et le suppliât de lui laisser la vie. Enfin il n'omit aucuns détails, ni la fureur du chien qu'il n'avait pu d'abord éviter qu'en grimpant à quelque distance de là sur un chêne, et qui, partagé entre la crainte d'abandonner son maître et le désir de le venger, allait et venait, poussant des hurlements affreux, tantôt lécher le cadavre, tantôt mordre le pied de l'arbre où il s'était réfugié; ni les précautions qu'il lui avait fallu prendre pour s'échapper sans bruit, et venir par sa présence à Theil se préparer, en cas d'événement, la ressource d'un alibi qui pût du moins embarrasser ses juges.

Soumise à Auxerre à la cour d'assises du département de l'Yonne, l'affaire, dont l'instruction avait marché rapidement, ne fut ni longue ni difficile : déclaré coupable par le jury d'assassinat et de guet-apens volontaire sur la personne de Savinien Notté, garde assermenté, dans l'exercice de ses fonctions, Jean Florentin Polette fut condamné par la cour à la peine de mort.... On ne connaissait point encore les *circonstances atténuantes,* ce palliatif commode, dont les jurés trop indulgents abusent quelquefois de nos jours; et après le rejet de son pourvoi, qui eut lieu six semaines plus tard, ce fut à Sens, au mois de février 1824, qu'il subit le juste châtiment de son forfait, sans remords, sans repentir, avec l'insouciance d'un homme qui n'espère même pas en la miséricorde divine. Conduit à pied entre deux gendarmes, de la prison jusque sur la place où se dressait l'échafaud, il en monta les degrés d'un pas ferme, tout en fumant tranquillement sa pipe, qu'il refusa de remettre aux aides de l'exécuteur, et n'abandonna que sous le couteau fatal. . . . .

En 1826, par conséquent deux ans après cette triste catastrophe, mes affaires m'ayant amené à Veaumort, petit village situé à une demi-lieue de Theil, je fus convié à une partie de chasse chez M. F..., le maître d'Antoine Notté, le frère de la victime. J'avais particulièrement connu Savinien, à la responsabilité duquel on m'avait confié souvent presque enfant, alors qu'un fusil simple en main, je faisais comme on dit mes premières armes : et ce fut avec une tendre sollicitude que je m'informai près d'Antoine, dont le temps n'avait point diminué les regrets, des nouvelles de sa belle-sœur et de ses nièces.

« Ah ! monsieur, me dit-il, pauvre Fanchette, si vous la voyiez, à coup sûr vous ne la reconnaîtriez pas.... Elle si gentille, si gaie ! elle a vieilli de dix ans.... cet événement l'a tuée.... Du reste, ajouta-t-il, les enfants sont bien.... ils ne sont pas à plaindre eux, surtout l'aînée qui sera un beau brin de fille.... Madame la comtesse, la bonté même, a pourvu à leur éducation, et leur assure à chacune une dot convenable.

— Et le brave Morgan ? demandai-je.... car le limier m'intéressait également. C'était pour moi un membre de la famille.

— Morgan ! dit en soupirant le garde, il n'a survécu qu'un an à son maître.

— Comment cela ? fis-je étonné, ce chien était jeune, alerte, vigoureux.

— Et à quoi servent, monsieur, la force et la jeunesse, lorsqu'on a des ennemis qui en veulent à notre vie. Je l'avais pris chez moi, continua Antoine, et je le soignais plus qu'un chrétien, quand un beau soir, après une chasse au chevreuil, il est rentré au logis mourant, le flanc gauche traversé par une balle....

— Et jamais vous n'avez su....

— Jamais positivement.... mais je m'en doute, » me dit-il; et son poing contracté semblait proférer une menace....

Notre conversation en était là, lorsqu'un incident y coupa court. La meute qui rapprochait depuis longtemps venait de lancer à vue, et un énorme sanglier, la hure tournée vers les tailles d'Avon, perçait en ce moment la route avec la rapidité d'une flèche....

Antoine s'élança à sa poursuite pour appuyer les chiens, et je l'imitai moi-même tandis que les autres chasseurs couraient prendre les devants et se poster aux meilleurs passages. Malheureusement je connaissais peu la forêt, dans laquelle je n'avais chassé que rarement, et je ne tardai pas à m'égarer aussitôt que je fus séparé du gros de la troupe.

Comme je descendais, au risque de me rompre le cou, dans un fond tout à fait désert et sauvage, le long d'un petit sentier étroit où je trébuchais parfois malgré moi, m'orientant d'après la voix des chiens que je distinguais sur le revers opposé de la montagne, arrivé à une espèce de carrefour où venaient s'embrancher trois routes, j'aperçus comme un poteau triangulaire sur lequel je crus qu'on

ꝰʙ avait indiqué le chemin.... Je m'approchai, c'était
ꝰɉ une croix en bois noir qui portait pour toute ins-
ꝰ⟩ cription ces mots tracés en lettres blanches:

ICI, LE 15 NOVEMBRE 1823,

A PÉRI, MISÉRABLEMENT ASSASSINÉ,

SAVINIEN NOTTÉ,

GARDE PARTICULIER DE Mᵐᵉ LA COMTESSE DE S***.

PASSANTS, PRIEZ POUR SON AME!!!

Je m'agenouillai, posant mon arme à mes côtés,
et, plein d'un douloureux recueillement, j'adressais
au ciel une courte prière, quand tout à coup d'une
touffe de genêts placée à quelques pas de moi, surgit brusquement un homme armé d'un fusil, qui se
mit à fuir à toutes jambes, comme un malfaiteur
pris en flagrant délit....

C'était Berthaud, l'autre braconnier de Vareilles....
Le malheureux était à l'affût, juste à la place où,
deux ans auparavant, Polette, son digne confrère,
avait commis son exécrable crime.

Je ne dis rien.... je ne cherchai point à courir
après cet homme, à l'intimider par de vaines cla-
meurs; mais à coup sûr je savais désormais aussi
bien qu'Antoine quel était l'assassin sous le plomb
meurtrier duquel avait, à son tour, succombé Morgan le limier!

UN SALMIS DE CANARDS

SOUVENIR DE CHASSE DANS LES MARAIS PONTINS

UN SALMIS DE CANARDS

SOUVENIR DE CHASSE DANS LES MARAIS PONTINS.

Les fêtes et les festins se succédaient sans interruption dans les salons de l'ambassade d'Angleterre à Rome. Chaque jour de joyeux convives appartenant à toutes les nations civilisées du monde se réunissaient à la table hospitalière du ministre, toujours abondamment pourvue des plus magnifiques offrandes de la terre et de la mer.

Parmi tous ces étrangers de distinction se trouvait un Français, considéré à juste titre comme l'une des illustrations du siècle, un grand artiste qui a immortalisé son nom par son pinceau, et qui est, à coup sûr, sans rival dans l'art de retracer ces scènes de gloire militaire dont la France offre de si brillants exemples [1].

1. Nos lecteurs ont déjà reconnu l'homme, Horace Vernet,

J'avais toujours soin de me placer à ses côtés; car nos entretiens fréquents avaient fini par établir entre nous des relations fort intimes.

Ce jour-là, le chef de cuisine de Son Excellence, un Vatel célèbre, même parmi les plus hautes réputations de *cordons bleus* des diverses cours de l'Europe, ne s'était pas seulement montré digne de sa renommée, mais il avait en quelque sorte réussi à se surpasser lui-même en imaginant une carte des plus variées, où figuraient tour à tour, pour flatter les différents goûts, les mets les plus recherchés, les friandises les plus rares et les plus exquises.

« *Par le bouclier de Minerve*[1]*!* vous avez tort, m'écriai-je, en voyant mon illustre voisin refuser avec un air de répugnance très-prononcé un excellent salmis de canards sauvages, que lui présentait, au milieu d'une riche sauce brune, l'un des valets placés derrière nous. Jamais y a-t-il eu salmis mieux

notre célèbre peintre : c'est effectivement lui, grand amateur de chasse au marais, qui fut le héros de cette aventure, dont il fallait entendre raconter les détails à Duval Lecamus, son confrère.

1. Le fameux plat connu sous le nom du *bouclier de Minerve,* et qui a valu à Vitellius, le gourmand par excellence de l'antiquité, la réputation d'être le meilleur cuisinier de son temps, était composé du foie de mille jeunes barbotes, des cervelles du même nombre de faisans, de la laite d'autant de lamproies, et d'une multitude d'autres ingrédients qu'il serait trop long d'énumérer ici.

accommodé, plus délicieux? Flairez-moi ces truffes qui nagent dans le chambertin; je ne sais
d'où Son Excellence les tire; mais je gagerais, rien
qu'à leur parfum, qu'elles ne sont point un produit
du sol italien, et qu'elles proviennent bien plutôt
de votre patrie, soit des riants bois de hêtres de la
Provence, soit des joyeux coteaux du Languedoc.

— Modérez votre enthousiasme, me répondit le
peintre. Ce n'est point d'un caprice que naît en ce
moment mon antipathie pour les canards sauvages,
mais bien d'une rude épreuve qu'il m'a fallu subir
grâce à eux, et dont je ne perdrai point de sitôt
le triste souvenir. J'abhorre, continua-t-il avec
une énergie emphatique, mais en même temps comique, j'abhorre jusqu'au nom de canard sauvage. J'en ai assez et plus qu'assez pour toute ma
vie, quand je devrais atteindre à l'âge du vieux Ma-
thusalem.

— Ah! je comprends parfaitement, répliquai-je,
pendant que mon voisin poussait un énorme soupir, vous serez tombé entre les griffes de l'un de
ces barbares qui ne se font point scrupule d'em-
poisonner leurs amis en leur faisant avaler les mé-
langes atroces de quelque cuisinier femelle : de
l'eau tiède dans laquelle on a lavé la vaisselle, ser-
vie en guise de soupe; pour premier service, du
poisson en pleine putréfaction, de la tête de veau
déjà fort équivoque, ou du mouton sentant plus fort

qu'un bouc; et pour seconde représentation, deux
maigres squelettes dignes d'un *auto-da-fé*, offerts
sous le nom de canards rôtis.

— Trêve à vos plaisanteries, s'écria brusquement
mon interlocuteur, le malheur dont j'ai été victime
était mille fois plus déplorable; et si vous voulez me
prêter quelque peu d'attention, peut-être que le récit
que je vais vous en faire vous inspirera-t-il une certaine pitié.

« Je me trouvais un jour en société avec trois ou
quatre Anglais qui revenaient de faire une partie de
chasse dans les marais Pontins. Ces messieurs se
vantaient beaucoup de leurs prouesses; à les entendre, ils avaient immolé des hécatombes de gibier.
Logés chez le *gran cacciatore di sua santita il Papa*,
dont ils célébraient la merveilleuse adresse, ils
prétendaient avoir beaucoup à se louer des atten-
tions délicates de leur hôte, et faisaient un superbe
panégyrique de son établissement où ils avaient éta-
bli leur quartier général. En un mot le récit de
leur expédition était si attrayant, si pompeux, que
mon imagination s'enflamma, et que, plein d'une
généreuse impatience, je ne résistai plus au désir
d'aller jouir par moi-même des plaisirs exquis
d'une si belle chasse.

— Et quel succès eûtes-vous? demanda, en prenant part à notre conversation, un jeune secrétaire
en congé d'une ambassade du Nord, qui ennuyait à

la mort toutes ses connaissances par sa funeste ma-
nie d'accompagner chaque phrase de quelque citation latine.

— Pardieu ! un succès qui me coûta fort cher,
sans compter le risque que je courus d'attraper
l'une de ces bonnes fièvres de Marennes, auxquelles on n'échappe que par miracle. Mes plans dressés
et tous mes préparatifs de départ arrêtés, je montai
dans mon briska, et je m'aventurai par des routes exécrables à travers d'abominables marais
exhalant avec leurs miasmes pestilentiels, rhumatismes, fièvres putrides et malignes, et toutes les autres maladies qui sont le partage de
l'homme.

> — *Umbris nigrantibus horrens*
> *Et formidatus volucris lethale vomebat*
> *Suffuso virus cælo,*

s'écria le secrétaire d'ambassade.

— Après avoir voyagé quelques heures, continua
l'artiste, au détour d'un coude à angle droit que la
route formait tout à coup, j'aperçus une triste et
misérable cabane assise sur les bords d'un étang
d'eau croupie. *Eccola ! eccola ! la locanda ! Eccelenza !*
hurlait mon postillon en extase, en arrêtant brusquement sur leurs jarrets ses chevaux couverts de
sueur, et en éveillant tous les échos de ce désert par
le claquement de son fouet qu'il faisait bruyam-

ment tournoyer sur sa tête. A ses exclamations une douzaine de gaillards sortirent aussitôt de cette espèce de caverne, et je fus à moitié traîné, à moitié porté par eux, dans une mauvaise pièce intérieure du bouge, véritable type de désolation et de saleté. La boue noirâtre qui incrustait les carreaux du plancher jadis rouges s'y était accumulée à un tel point pendant des siècles entiers, que toutes les forces du fils d'Alcmène n'auraient pas suffi pour l'enlever. Ce fut là que l'un de ces hommes, géant de six pieds, dans les bras duquel j'étais comme un enfant nouveau-né, me déposa dans un méchant fauteuil boiteux, vis-à-vis une immense cheminée où pétillaient, au milieu d'un nuage épais de fumée, quelques fagots de bois vert, entremêlés de joncs tout humides.

« Je fus quelque temps sans voir clair, aveuglé que j'étais par cette atmosphère volcanique, et lorsqu'enfin je pus ouvrir les yeux je me trouvai seul dans la pièce; mais ma solitude n'y fut pas de longue durée, car deux minutes ne s'étaient pas écoulées que je vis entrer, clopin-clopant, une vieille femme, digne en tout point de représenter l'une des trois sorcières de Macbeth, tant la duègne, décrépite et ridée, était courbée sous le poids des années. Cette vieille Parque, dont tout l'aspect était vraiment hideux, couvrit d'une nappe noire et pleine de taches une table encore plus noire et plus

sale que cette affreuse guenille; plaça sous mon
nez un vase de terre contenant le plus abominable
mélange, à en juger par ses exhalaisons douteuses;
m'offrit, en guise de verre et de carafe, deux coupes gigantesques en corne de buffle; et, après m'a-
voir dit, dans son horrible patois, de manger, de
boire et de me bien soigner, compléta son service
par un informe morceau d'argile, qui, séché tout
bonnement aux rayons du soleil, eût à coup sûr
singulièrement embarrassé le plus profond connaisseur, s'il se fût agi pour lui de décider quelle avait
été sa destination primitive, et s'il devait originai-
rement figurer une assiette ou une tuile. Un couteau, une fourchette et une cuiller, enveloppés d'un
chiffon de laine gras, dont l'aspect repoussant me
souleva tout d'abord le cœur, étaient déjà placés
à mes côtés; mais quelque dégoûtants que fussent
les préparatifs de cet ignoble repas, ils m'inspi-
raient encore moins de répugnance que la personne
de ma charmante Hébé.

« Figurez-vous qu'en voulant essayer de sourire,
la vieille tordait la bouche de travers, de manière à
me montrer jusqu'au fond de ce four ses mâchoires
entièrement dégarnies, d'où tout vestige d'instruments masticatoires avait disparu depuis longues
années; puis, tantôt elle gloussait amoureusement,
tantôt elle faisait mille grimaces hideuses, en se
frottant ses mains décharnées qui ressemblaient

moins à des mains qu'à de véritables serres de vautour.

« Bientôt elle me frappa sur l'épaule, en me demandant d'un air aimable si je n'étais pas un *famosissimo cacciatore;* passa ses griffes dans mes cheveux, en jurant que j'étais un *bellissimo giovine;* et se prit, à ma grande frayeur, à me faire, sans plus de façons, plusieurs autres grotesques démonstrations de tendresse.

« J'eus horreur de moi-même et je faillis m'évanouir de dégoût lorsqu'à ces familiarités il me fut impossible de douter de la passion subite que j'inspirais bien malgré moi à la duègne; mais comme je craignais à la moindre faiblesse de me voir serré dans ses bras impurs, j'essayai de raffermir mon cœur et mon courage, en me rappelant l'héroïsme du vertueux Joseph aux prises avec l'épouse de M. Putiphar, et je résolus magnanimement d'imiter ce noble exemple de vertu, c'est-à-dire de sacrifier chaque article de ma toilette à l'amoureuse Circé, plutôt que de me soumettre sans résistance à être sa victime. Heureusement que cette cruelle épreuve ne se prolongea pas davantage; car la vieille, s'apercevant de l'aversion bien marquée avec laquelle j'évitais ses caresses, sortit tout à coup furieuse en m'abandonnant à mes sombres pensées.

« J'étais seul. Le plat suspect fumait devant moi; un sentiment de curiosité invincible ne tarda pas à s'emparer de tout mon être, et il me vint une envie incroyable, un désir tout à fait contre nature d'analyser ce ragoût mystérieux. Je pris résolûment mon couteau et ma fourchette que je commençai par tremper dans un vase plein d'eau afin de les dégager de la crasse qui y était incrustée depuis des siècles ; puis, fermant les yeux et me recommandant à la Providence, je me risquai à pêcher dans le plat, pour la porter à ma bouche, une portion de l'atroce mélange. Grand Dieu ! quels ingrédients affreux m'emportèrent tout à coup le palais ! Du foie de bœuf, des ognons, de l'ail, du piment, des champignons vénéneux, tels étaient les moindres des poisons dont se composait ce mets détestable. Le cœur sur le bord des lèvres, je saisis rapidement la première corne de buffle que je trouvai placée sous ma main, et, hors de moi, désespéré, n'en pouvant plus, j'en vidai tout d'un trait quelques gorgées, dans l'espoir de chasser de mon gosier le goût abominable dont ma brutale curiosité l'avait si maladroitement empesté. Mais, hélas! telle était l'acidité, non pas de ce vin, mais bien plutôt de ce vinaigre, qu'à moitié suffoqué par ce jus de prunelles, il me fut impossible d'en avaler davantage ; et déjà, avec plus de précipitation que de prudence, j'allais prendre l'autre corne de buffle, lorsque je m'aperçus à temps qu'elle ne contenait que de mauvaise eau-de-vie ardente comme du feu liquide.

« Pour mettre le comble à mes tribulations, des éclats de rire grossiers, entremêlés de voix discordantes et railleuses, retentirent tout à coup dans la maison : la porte de ma chambre s'ouvrit avec fracas, et je vis entrer, en chancelant, Joseph, mon domestique, que les habitants du logis avaient forcé à boire outre mesure, et qui, grâce à de trop abondantes libations d'alcool, était en ce moment ivre comme un cent-suisses. La démarche incertaine, les yeux hagards, le nez rouge et enflammé, le drôle, en danger de perdre la vie, après avoir déjà perdu la raison, était plus digne de ma pitié que de ma colère : je lui arrachai sa cravate, le traînai jusqu'à une paillasse qui se trouvait dans l'un des coins de la pièce, et là le drôle se laissa choir tout habillé sans que sa langue paralysée eût la force de prononcer un seul mot, dans un état d'insensibilité tel, qu'il ne parut même pas se ressentir des sanguinaires attaques de toute une légion de cousins dont il fut bientôt enveloppé.

« J'étais assis aux pieds du lit, faisant de vains efforts pour rappeler quelques signes d'existence dans la carcasse inanimée du misérable, lorsqu'un nouvel acteur parut inopinément sur la scène. Un gigantesque personnage, un véritable Goliath, entra à grands pas par la porte entr'ouverte, et considérant mon occupation philanthropique d'un air tout à la fois étonné et moqueur, partit d'un éclat de rire tellement bruyant, qu'il ébranla jusqu'en leurs fondements les murs de la chétive masure. Ainsi surpris à l'improviste au milieu de mes soins charitables, je quittai brusquement mon siége, comme si j'eusse été frappé d'un choc électrique, et je me trouvai debout, face à face avec mon hôte, dont tout l'aspect était sans contredit fort respectable, s'il n'était point fait pour inspirer une certaine frayeur.

« Ho! ho! ho! fit-il en me saluant de sa voix claire et sonore, plus retentissante que le son d'une trompette; ho! ho! ho! *felicissima sera Eccelenza!* quel souci prenez-vous de cette bête brute? Le coquin a du feu dans les veines maintenant; mais demain, je gage qu'en lui faisant subir une épreuve comme celle-ci, nous parviendrons à en faire un homme. Ho! ho! ho! »

Et il partit d'un nouvel éclat de rire qui fit encore trembler les murailles.

« Je suis venu, *Eccelenza*, afin de prendre vos ordres pour demain. Le marais abonde en oiseaux sauvages, et la chasse sera des plus merveilleuses. Son Excellence est-elle un chasseur ardent?

— Ardent, très-ardent, » répondis-je en balbutiant, car l'examen plus détaillé du personnage n'avait nullement diminué le respect qu'il m'avait inspiré au premier abord.

Ainsi que je vous l'ai dit, tout son ensemble était

colossal; mais chacun de ses membres, pris isolé-
ment, était modelé dans des proportions parfaites,
et déployait, au moindre mouvement, ce jeu extraordinaire de muscles et de nerfs qui annonce une
force herculéenne. Sa brune et belle physionomie,
dont le caractère dominant était celui d'une gaieté
insouciante jointe à un mélange de résolution et de
férocité, se trouvait ombragée par une forêt de
cheveux plus noirs que les plumes du corbeau; de
larges favoris accompagnaient ses joues; d'épaisses
moustaches lui couvraient les lèvres, et son menton
lui-même était orné d'une longue barbe pointue,
taillée à la manière des romantiques modernes.
Vêtu du costume original qui sied si bien aux
chasseurs des *Maremmes*, ainsi qu'aux brigands des
Abruzzes, il ne ressemblait pas mal à un héros de
Salvator Rosa; et, à vrai dire, on ne saurait ima-
giner un accoutrement plus pittoresque que celui-
là, ni des vêtements plus admirablement ajustés
pour montrer un homme à son avantage, et faire
valoir, en dessinant ses formes, toute cette grâce,
toute cette souplesse de corps, pour laquelle les
Italiens sont justement célèbres.

« Imaginez un gaillard d'une stature gigantesque,
aux formes musculeuses, athlétiques, habillé d'une
veste courte en velours vert de Gênes, portant à sa
ceinture deux paires de pistolets, un couteau de
chasse et un stylet, cette arme traîtresse et meur-

trière. — La veste, légèrement entr'ouverte sur la poitrine, laissant à découvert les plis soignés d'une chemise de toile fine et une chaîne d'or pur, à laquelle était suspendue, entre autres amulettes, une petite main de corail blanc, destinée à détourner les maléfices.— Un pantalon en étoffe marron, élégamment brodé sur les coutures de couleurs non moins vives que riches, ne descendant que jusqu'à la hauteur des genoux, afin de ne point nuire à la symétrie d'une jambe parfaitement faite. — Surmontez le personnage d'un haut chapeau pointu, entouré d'un nœud de rubans écarlates; placez dans sa main gauche un énorme fusil de chasse, et vous aurez sous les yeux le portrait fort exact de mon excellent hôte, *il gran cacciatore della Locanda dell' Aquilla Nera*, située au milieu des marais Pontins.

« Cependant le nouveau venu s'approcha nonchalamment de la table où le couvert avait été mis par la vieille, prit la corne de buffle qui contenait au moins un demi-litre d'eau-de-vie, avala d'un seul coup la liqueur brûlante, puis, se laissant tomber, en poussant un long soupir, sur le fauteuil placé devant l'âtre, au risque de le voir rompre sous le poids de son corps, il se mit à attiser le feu avec son chapeau à larges bords, pour allumer ensuite, sans autre cérémonie, une large pipe toute bourrée qu'il tira du fond de sa poche. Nullement gêné par ma présence dont il ne semblait pas avoir la moindre conscience, il resta quelque temps ainsi sans parler, fumant, au lieu de tabac, quelque plante aquatique qui nous enveloppa bientôt d'un nuage épais de vapeurs immondes; et alors se levant doucement il s'approcha du lit où gisait toujours, ivre mort, mon domestique, victime de son intempérance. D'une main il souleva la tête du pauvre diable, de l'autre ouvrit avec violence ses dents convulsivement serrées les unes contre les autres, puis, vomissant entre ses mâchoires béantes un torrent de flamme et de fumée qui eût suffi pour anéantir une salamandre, il le laissa retomber sans aucune précaution, en me disant avec bonhomie :

« Allons, allons, il y a un dieu pour les ivrognes. Bientôt ce hareng boursouflé ira bien.... Quant à vous, *Eccelenza*, ajouta-t-il d'un ton de politesse exquis, j'aurai l'honneur de vous éveiller une heure avant l'aurore .. et je m'en vais maintenant dire à Rugorna de venir faire le lit de Votre Excellence, à laquelle je souhaite une *felicissima notte*. »

« Il disparut. Quelques minutes plus tard survint Rugorna, courbée sous le poids d'un tas de linge tellement crasseux, que le pannier de lessive de Falstaff eût été du luxe à côté de draps si noirs et si malpropres. La vieille Hécate était en belle humeur, et elle ne fut pas plus tôt entrée qu'elle se laissa aller à son caquet habituel, en m'assommant de tous les bons mots ou plutôt de toutes les idées saugrenues qui lui trottaient par la cervelle.

« Ah! ah! commença-t-elle, le Capitaine a été faire visite à Votre Excellence. Il est charmé de ce que Votre Excellence aime la chasse et soit de plus un adroit tireur; il se promet beaucoup de plaisir dans sa compagnie. Par exemple il a examiné le fusil de chasse de Votre Excellence, et il jure qu'il ne vaut pas une *spazza forno* (espèce de pince pour nettoyer l'âtre). Il vous fera essayer les siens demain... Hein! quel bel homme que le Capitaine!... Il n'y a pas de jeune fille dans le village qui ne soit éprise de lui; mais il est capricieux comme le sont tous les jolis garçons, et il a causé le malheur de plus d'une femme.... A mon goût, il est un peu trop grand.... Je n'aime pas les grands hommes, moi, vrai; et cependant, s'il faut être franche, j'en ai eu plus d'un pour amant. — Le premier, ce fut Polycarpe, le cordonnier de Portici, le même qui fut décapité à Salerne, parce qu'il avait tué par imprudence, à Pestum, un milord anglais et sa *signora*. Puis j'ai connu aussi le grand Ludovico, un bon enfant, de cinq pieds six pouces, qui servait dans les gardes de Sa Sainteté, et qui est actuellement au bagne à Ostie. Un beau jour, dans un accès de folle gaieté, le farceur ne s'avisa-t-il pas, par pure plaisanterie, de chauffer son four à blanc et d'y mettre un instant dame Jacinthe, sa femme? Malheureu-

sement il oublia de l'en retirer, et la vieille sorcière
fut réduite en cendres, comme vous pensez.... Hi!
hi! hi! J'ai eu beaucoup de beaux hommes dans
mon temps, continua la duègne avec un certain
amour propre et tout en branlant la tête à chacune de ses réminiscences amoureuses; mais sincèrement je préfère à ces tambours majors un petit
homme bien pris comme Votre Excellence, avec de
larges épaules et le mollet bien tourné dans votre
genre. »

« A cette déclaration non équivoque je fus sur le
point de perdre la raison, et il me serait difficile de
peindre l'épouvante que j'éprouvais en me voyant
dans un si doux tête-à-tête, surtout lorsqu'au moment de se retirer, l'horrible mégère, me souhai-
tant une bonne nuit de sa voix rauque et fêlée,
saisit amoureusement une de mes mains qu'elle
serra entre ses pattes décharnées, et forçant ses
lèvres flétries à une grimace qu'elle aurait voulu
me faire prendre pour un élan plein de passion,
me présenta, pour y déposer un baiser, le parchemin
de ses joues couleur de cuivre, cérémonie finale
par laquelle, malgré toute mon horreur, je ne pus
me dispenser de passer afin de me débarrasser de
la vieille.

« La nuit était froide et pluvieuse; le vent, qui
s'introduisait en sifflant par les fentes de la croisée,
faisait tourbillonner, de l'âtre de la cheminée dans

ma chambre, d'épais nuages de fumée. J'entassai
des broussailles sur ce bois humide qui se con-
sumait sans flamber, et j'essayai, à l'aide de mes
poumons, qui faisaient l'office de soufflet, de communiquer à ce misérable taudis une clarté qui,
en échauffant mes membres glacés, dissipât la
morne mélancolie de mon âme. Mais, vains efforts,
je ne pus venir à bout de mon entreprise ; et, pour
comble de bonheur, le froid devint de plus en plus
excessif : tous les vents déchaînés hurlèrent des
quatre points cardinaux, menaçant à chaque instant de renverser les murailles du fragile édifice, si
bien que le parti le plus sage que j'eus à prendre
fut d'essayer de me coucher afin de conjurer, en
grelottissant sous les draps, les rigueurs de cette
nuit affreuse.

Le méchant grabat qui m'attendait ne ressemblait aucunement, je vous assure, au lit du sybarite
voluptueux qui se plaignait du pli d'une feuille de
rose ; cependant, comme il n'y avait point à opter,
jetai de côté mes vêtements de ville pour en-
dosser mon costume de chasse du lendemain, je
m'enveloppai d'un énorme manteau, puis d'un
bond désespéré m'élançai sur deux mauvais matelas, où, le nez tapi sous la couverture, je ne tardai pas à goûter, malgré la dureté du gîte, les douceurs d'un sommeil léthargique.

Deux heures s'étaient à peine écoulées, lorsque

je m'éveillai vigoureusement secoué par une main rude. Le ho! ho! ho! ce gros rire de mauvais augure, retentissait de nouveau à mes oreilles, accompagné cette fois de ces mots railleurs : *Ah çà! vous êtes donc mort, Excellence?* Je sautai au bas de mon lit et je me retrouvai au milieu du groupe des bandits : c'était le *gran cacciatore*, en société de quatre autres coquins dont la mine et le costume étaient on ne peut mieux en rapport avec le chef de la bande. Deux d'entre eux avaient en main des torches allumées, et tous étaient armés de longs fusils de chasse. A voir ainsi groupés ensemble ces hommes au teint basané, aux yeux vifs et brillants, avec leurs longs chapeaux de feutre et leurs costumes bizarres, fantastiquement éclairés par la lueur rougeâtre de la résine, un artiste n'eût pas eu grands frais d'imagination à faire pour composer un tableau pittoresque.

« Tout est prêt, Excellence, s'écria le Capitaine ; mettons-nous vite en route, car le jour n'attendra pas notre loisir. » Avant que de sortir, il prit Joseph, mon infortuné valet, d'une de ses mains nerveuses, et le soulevant comme une plume du lit où, à en juger par sa respiration difficile, le drôle avait passé une nuit peu agréable, il le mit tout debout sur ses pieds, puis lâcha prise aux grands éclats de rire de l'assemblée. L'ivrogne retomba à terre comme une masse inerte, et ne poussa qu'un sourd gémissement en sollicitant de nous un petit verre d'eau-de-vie.

« Il est encore altéré, » dit le capitaine en prenant la carcasse du misérable entre ses bras et le jetant sans cérémonie sur sa paillasse. « Laissons là ce *larrone maladetto* (scélérat maudit), ajouta-t-il, accompagnant cette dernière exclamation d'un jurement vraiment effroyable; il ne se rafraîchira le gosier que lorsque nous serons de retour avec Son Excellence. Et maintenant en route.... En avant, mes enfants, en chasse ! »

« Obéissant à cette injonction, tous se mirent aussitôt en chemin. L'un des hommes nous précédait une torche à la main pour éclairer notre marche; deux autres me prirent par les bras et me firent descendre quatre à quatre, par une fenêtre, la misérable échelle qui servait d'escalier, pour communiquer de la maison au marais. En bas était amarrée une barque dans laquelle on me plaça tant bien que mal, et bientôt, le premier coup de rame donné, nous commençâmes à fendre des eaux fangeuses, traversant de vastes champs de roseaux, épaisse et véritable forêt à travers laquelle le bras le plus vigoureux pouvait à peine se frayer un passage.

« *Benissimo, voi vedrette qualche cosa di bello !* Mon cher monsieur, vous allez voir quelque chose de beau, s'écria le capitaine aussitôt que ses robustes compagnons se furent arrêtés, se reposant enfin sur leurs rames; mais Son Excellence ne pourra jamais tirer juste si elle reste à se balancer dans cette misérable coquille. A moi, Léopoldo, un coup de main. »

« Ils me saisirent de leurs bras vigoureux, et, m'enlevant de la nacelle aussi facilement qu'une nourrice tire son nouveau-né du fond de son berceau, ils me tinrent un instant suspendu dans l'air, puis me plongèrent jusqu'à la ceinture dans une vase infecte où je ne vis plus rien, perdu que j'étais au milieu de joncs touffus qui s'élevaient au-dessus de ma tête. Il était environ six heures du matin : pas une étoile ne brillait au ciel, tant les nuits de janvier sont chargées de vapeurs brumeuses. Bientôt cette boue liquide, dans laquelle je prenais un bain mortel, engourdit mes membres glacés, le vent piquant qui n'avait pas cessé de souffler me pénétrait les os jusqu'à la moelle, et je sentis mon sang, qui ne pouvait plus circuler, se figer lentement dans mes veines.

« — Pour tous les trésors de l'Arabie heureuse! je n'aurais pas voulu être à votre place, interrompit le secrétaire d'ambassade; mais aussi, par quel motif mon honorable ami était-il assez complaisant pour supporter sans se plaindre des tribulations semblables?

« — Me plaindre! et à quoi eussent servi mes plaintes? demanda l'artiste avec amertume. Ces brigands me traitaient en enfant, et, en vérité, là se bornait mon rôle ; car, incapable de la moindre résistance, j'étais absolument comme un écolier tremblant entre les mains de maîtres sévères. Je vivrais cent ans que je n'oublierais jamais les souffrances de cette nuit atroce. Au bout de trois quarts d'heure d'attente, le calme profond qui régnait autour de nous fut tout à coup interrompu par des sons lointains, étranges, apportés jusqu'à nous sur les ailes de l'aquilon glacial : *Vouich! vouich! vouich!* distinguai-je. On eût dit le bruit de mille oiseaux qui s'avançaient en fendant les airs. Le Capitaine me passa en toute hâte une immense pièce de quatre.... Le fameux *Vouich! vouich! vouich!* retentit plus fort et plus près de mes oreilles.... *A vous!* me dit alors à voix basse mon plus proche voisin, tout en m'indiquant du doigt une espèce de nuage noir qui semblait flotter au-dessus de nos têtes. *A vous! visez bien et tirez.* A moitié engourdi, je plaçai machinalement l'arme fatale à mon épaule, j'ajustai plus machinalement encore, et mon doigt pressa la détente.... *Pif! paf! pouf!* fit · en tombant dans l'eau, tout autour de moi et sur moi, une grêle de blessés et de morts : oui, sur moi, car, dans la préoccupation d'esprit où j'étais, j'avais négligé de bien épauler mon lourd fusil, et il m'avait tellement repoussé en s'échappant de mes mains tremblantes, que, perdant l'équilibre, je venais, à la grande satisfaction de mes joyeux compagnons fort égayés par ce surcroît d'infortune, de faire au beau milieu de la vase un saut de carpe improvisé qui aurait pu avoir les suites les plus funestes. Après s'être divertis pendant quelques minutes à regarder mes gambades dans l'élément impur, ainsi que mes vaines tentatives pour en sortir sain et sauf, ils eurent enfin l'humanité de venir à mon secours, et je fus de nouveau placé sur mes jambes, mais mouillé jusqu'aux os, dégouttant d'eau bourbeuse et croupie, obligé, pour respirer, de souffler comme un véritable phoque, et ne pouvant pas prononcer un seul mot tant j'avais la bouche pleine de fange et de boue.

« — *Finit coronat opus*, dit le secrétaire d'ambassade, et là finit, je le suppose, votre chasse aux canards sauvages?

« — Ah bien oui! continua le peintre : arracher ma veste et mon gilet; m'envelopper dans une pelisse de peau de mouton; mettre sur ma tête un de leurs sales chapeaux de feutre pour remplacer mon élégant *bandoni* sacrifié aux grenouilles et aux salamandres de l'étang, tout ceci fut l'ouvrage d'un moment. Je fus forcé d'accepter une autre arme. Le bruit d'une seconde volée de canards ne tarda pas à se faire entendre. L'imposant *Vouich! vouich! vouich!* siffla de nouveau dans les airs. Je tirai un coup, puis deux, puis trois, aussi longtemps qu'on

me passa des armes; et comme chaque fois, obéissant sans réflexion aux instructions de mes camarades de chasse, je dirigeai par instinct mon
point de mire vers le plus épais des sombres ba-
taillons qui manœuvraient au-dessus de nos têtes,
à chaque détonation le bruit sourd d'une foule de
victimes précipitées dans l'eau par le plomb meurtrier, vint en m'éclaboussant attester mon adresse
involontaire, jusqu'au moment où les teintes blafardes du matin m'annoncèrent, en éclairant l'horizon, la fin de ce délicieux exercice, si vanté par
tous les amateurs de Rome.

« — *Bravissimo !* à merveille! s'écria le *gran cacciatore.* Quelle belle besogne nous avons faite! Par
Hercule! *illustrissimo*, vous pouvez vous vanter
d'être un véritable Actéon pour la chasse ; et les
foudres que vous lancez sont comme ceux de Ju-
piter tonnant, ils portent la mort et la destruction
dans leur sein. Si vous le permettez, *Thowaso* et
Anselmo reviendront plus tard pour ramasser la
caccia, mais nous escorterons d'abord Votre Excellence jusqu'à *la Locanda*. . . . .

. . . . »

« Tout ce qui se passa plus tard ne se présente à
ma mémoire que comme un rêve confus. Mes
dents claquaient de froid ; ma langue était paralysée, et mes membres tellement insensibles, qu'ils
ressemblaient moins à de la chair qu'à du marbre ;

mon sang, qui ne circulait plus, avait reflué vers le cœur. Enfin je ne me souviens plus de rien, sinon qu'en m'éveillant, après quelques heures d'un engourdissement léthargique, je me retrouvai dans la misérable chambre de *la Locanda*, étendu sur mes deux matelas et couvert d'un tas de peaux de moutons qui exhalaient une odeur fort peu suave. Accroupie dans un coin de la cheminée, vis-à-vis un immense brasier, Rugorna faisait sécher ou plutôt griller mes vêtements de chasse. Deux individus se tenaient debout au chevet de mon domestique : l'un était mon ami le *cacciatore*; l'autre, un homme long et maigre, vêtu d'une veste de futaine brune, espèce de barbier charlatan, qui réunissait dans sa personne les fonctions diverses de médecin, d'accoucheur, de chirurgien, de pharmacien et de vétérinaire. Le digne personnage avait à la main une cuvette d'étain, dans laquelle coulait lentement le sang noir du bras du pauvre Joseph, qui, soutenu sur sa paillasse par un porte manteau dont les angles pointus s'enfonçaient dans ses reins, présentait à coup sûr un effrayant exemple des suites pernicieuses de l'ivrognerie.

« Il faut que je parte, m'écriai-je en sautant à bas de mon lit. La signora, dis-je en apostrophant Rugorna, la signora veut-elle avoir la bonté de me donner une tasse de café et de dire au postillon d'atteler à l'instant même?

« — Comment ! Votre Excellence ne restera pas encore une nuit pour jouir du plaisir de la chasse ?

« — *Sono desesperato !* répliquai-je, une autre fois je serai charmé de recommencer ; mais des affaires qui ne souffrent point de délai m'appellent aujour-d'hui même à Rome.

« — Mais, protesta le barbier, le domestique de Votre Excellence est en proie à une fièvre de cheval.... il ne pourra jamais supporter les fatigues du voyage.

« — Aussi je le recommande à vos bons soins, répliquai-je en tirant une pièce d'or de ma bourse, et vous prie d'accepter cette bagatelle en récompense de vos peines. »

« Pour ne point faire de jaloux je laissai aussi au capitaine et à Rugorna des marques palpables de ma munificence. Celle-ci, enchantée de ma générosité, me combla de bénédictions, et je l'entendais encore me remercier avec effusion, que déjà nos chevaux au galop franchissaient les marais Pontins.

« Nous arrivâmes sans accident aux portes de Rome, et je n'oublierai jamais quel ravissement secret j'éprouvai quand j'eus enfin remis les pieds dans mon pauvre logement de la *Piazza di Spagna.*

« — Et quel fut le sort de cet honnête valet auquel je m'intéresse ? demanda un homme vêtu de noir, qu'à sa physionomie grave et sévère on pouvait prendre pour un disciple d'Esculape.

« — Bah! ce n'était qu'un suisse : peu importe, répliqua le secrétaire d'ambassade, *Uno avulso non deficit alter*. Si un coquin de suisse vient à partir pour l'autre monde, ne reste-t-il pas mille autres de ces vagabonds tout prêts à entrer dans ses bottes et dans sa livrée ?

« — Oui ; mais il paraîtrait que le drôle n'était pas encore d'avis de les céder à un autre, reprit le narrateur, car il vit toujours et est même dans un état très-florissant de santé. Vers la fin du deuxième jour, depuis mon retour de notre expédition, j'étais assis dans un fauteuil des plus confortables, enveloppé d'une bonne robe de chambre ouatée, les jambes mollement étendues à la douce chaleur d'un joyeux feu de bûches de hêtre. Sur un guéridon placé à mes côtés figurait un flacon délicieux de servial faisant face à une bouteille de château margaux, son généreux rival ; dans une assiette de porcelaine fumaient sous une serviette d'excellents marrons de Lucques, destinés à me mieux faire déguster le bouquet de la liqueur vermeille ; plus loin étaient un pot de marmelade de Java et un compotier de confitures des Indes. Soudain plusieurs grands coups bruyamment frappés à la porte d'entrée interrompirent ma douce rêverie ; des pas lourds se firent entendre sur l'escalier et semblèrent ébranler la maison ; enfin mon sanctuaire lui-même fut brutalement envahi, et je vis tout à coup mon ami le *gran cacciatore* se dresser devant moi de toute la hauteur de sa taille gigantesque.

« Je m'informai des circonstances heureuses qui me procuraient le plaisir de sa visite, et lui demandai tout d'abord si, par une faveur inespérée du ciel, mon domestique était encore de ce monde?

« — C'est justement lui que je vous ramène, *illustrissimo*, répliqua mon hôte, dans la crainte où j'étais de lui voir encore commettre quelque sottise. Il n'y a pas de vice plus abominable que l'ivrognerie, lui disais-je hier au soir en le voyant avaler un énorme bol de punch. Il n'y a pas de vice, mon garçon, plus nuisible à l'homme, plus dégradant, plus sale, plus abject que ce funeste penchant pour le vin et l'eau-de-vie.... Ah! mais, tenez, le voilà qui s'annonce, je les entends sur l'escalier nos gais buveurs! »

« Et en effet, il n'achevait pas que les gais buveurs entraient dans ma chambre. Le colossal Anselme ouvrait la marche, enlaçant de son bras nerveux la taille de mon coquin de valet dont il soutenait les allures chancelantes. A voir les yeux rouges et enflammés de ce dernier, ses lèvres noires et desséchées, sa figure enluminée et bouffie, on eût dit un démon plutôt qu'un chrétien. Il n'osa pas lever les yeux dans la crainte de lire dans les miens l'expression de mon mécontentement et de ma colère, et il s'en alla en trébuchant cacher sa honte dans le coin le plus reculé de la chambre. Alors survinrent à leur tour *Thommaso l'Hercule* et le farouche *Léopoldo*, tous les deux emplumés des pieds à la tête de longs chapelets de canards enfilés symétriquement par des ficelles. Fiers de leur butin, les drôles l'éparpillèrent partout, sur les fauteuils, sur les canapés, sur les meubles, jusque sur la couverture de mon lit.... « Son Excellence ne se doutait pas avoir fait une chasse aussi abondante? » s'écria le capitaine, tandis que d'un air stupéfait je regardais à droite et à gauche, n'apercevant partout que des canards. « Comptez, mon maître. Oui, par l'âme immortelle de Pius Sextus, qui, en creusant des canaux à travers les marais Pontins, a fait plus de tort aux *poveri cacciatori* que tous ses prédécesseurs ensemble, par l'âme béatifiée de Sa Sainteté, cent dix-sept canards ! ce n'est pas mal comme ça pour une seule chasse.

« — Mais je.... je.... je n'ai pas tué tout ce gibier, balbutiai-je avec modestie.

« — Si fait, par la sainte madone de Lorette, c'est bien là la chasse de Votre Excellence ; mais le temps me presse, il faut que je parte ; sans quoi cette bonne Rugorna ne saurait ce que je suis devenu. *A rivederlo, illustrissimo.* Je vous souhaite mille ans de vie. »

« Sur ce, il me prit la main qu'il m'étreignit

amicalement entre ses doigts de fer, et quitta ma
chambre escorté de ses satellites gigantesques.

« Après m'être frotté les doigts, dont les muscles
endoloris semblaient brisés par les tendres adieux
du *cacciatore*, je jetai les yeux autour de moi, partagé entre un sentiment de colère contre mon
ivrogne de domestique, et la confusion de me voir,
grâce à l'innombrable multitude de canards gisants
autour de moi, transformé en marchand de volailles. Il y en avait tant et tant, que je n'eus pas
même le courage de les compter, et peu s'en fallût
que, dans un juste mouvement d'humeur, je ne les
jetasse tous l'un après l'autre par ma croisée,
lorsque je me pris à réfléchir qu'après avoir été la
victime des canards sauvages, il me faudrait encore,
pendant toute une semaine peut-être, avoir du canard à déjeuner, du canard à dîner, du canard à
souper, du canard à toute sauce et pour tous les
goûts, depuis le commencement jusqu'à la fin de
l'histoire. »

UNE

HISTOIRE DE REVENANT

HISTOIRE DE REVENANT.

« Croyez-vous aux Esprits ? me demandait un jour Mme Émile de Girardin.

— Madame, lui répondis-je, comme je crois à tout ce qui est vrai, je crois au vôtre. »

Une galanterie à la Dorat n'est pas une réponse ; aussi, la conversation une fois engagée sur ce terrain, ne s'arrêta pas en si beau chemin, et si je vous racontais tout ce qui fut dit sur ce sujet entre les différents interlocuteurs alors réunis dans les salons du spirituel vicomte Delaunay, — mon ami Alphonse Karr et Théophile Gautier étaient du nombre, — il y aurait de quoi défrayer et au delà douze numéros de la *Revue spirite*.

Pour mon compte personnel, en dépit de mon pays natal, la Bretagne, cette contrée des légendes, qui ne le cède en rien, sous le rapport des superstitions populaires, à la patrie naïve de George Sand, je crois peu aux choses surnaturelles. Instinctivement je me méfie des miracles, et, depuis feu Lazare sortant du tombeau à la parole toute-puissante du Christ, je n'admets plus de résurrections possibles, à moins que ce ne soit au jour du jugement dernier, dans la vallée de Josaphat; au moment où l'archange au glaive flamboyant, embouchant sa trompette d'airain, sonnera ce dernier appel que nous autres veneurs nous entendrons indubitablement avant tous les autres, ce qui n'est point un avantage à dédaigner, tant s'en faut, ne fût-ce que pour nous éviter la peine de faire queue aux portes du paradis, où, grâce à notre excellent patron saint Hubert, l'un des principaux porte-clefs de l'endroit, nous entrerons les premiers sans contrôle. C'est Gaston-Phœbus qui l'a dit : *l'otieuseté* étant la **mère** de tous les vices, le chasseur, qui par sa nature et par ses goûts ne peut être accusé d'être *otieux* durant sa vie, ne connaîtra jamais après sa mort ni enfer ni purgatoire : il ira tout droit en paradis.

Quand chacun eut émis son opinion sur les revenants, la développant à sa manière par des exemples plus ou moins authentiques, l'un citant le spectre de Pline, l'autre le fantôme apparu à Pompée la veille de la bataille de Pharsale, quelques-uns racontant des histoires à faire dresser les cheveux sur la tête, mais arrivées avant la première révolution au bi-

saïeul de leur propre grand-père ; personne, en un
mot, n'osant émettre la moindre aventure nocturne
dont il pût se dire le héros :

« Parbleu, messieurs, dis-je, élevant la voix à mon
tour, si vous voulez me prêter quelques minutes
d'attention, je vais vous rapporter un fait que j'ai vu
de mes yeux, moi-même ici présent, et auquel, malgré la juste suspicion avec laquelle on accueille tout
récit de chasseur, je vous prie de prêter une attention sérieuse. Voilà tout à l'heure quinze ans que la
chose s'est passée, mais toutes les fois que je me
reporte par la pensée aux souvenirs fantastiques de
cette nuit, les sensations que j'éprouvai alors sont
aussi présentes que si cela datait d'hier, et j'en ai
malgré moi la chair de poule. »

Toutes les conversations cessèrent à l'instant
même, les fauteuils se rapprochèrent, le cercle des
auditeurs se resserra. On eût entendu voler une
mouche.

« En 1839, j'avais loué à Verrières, ce charmant
village, si coquettement situé à mi-côte, sur l'une
des pentes boisées du buisson qui porte son nom,
un simple pied-à-terre destiné à passer la belle
saison avec ma femme et mon héritier présomptif,
un bel et bon gros garçon d'un an, élevé dans les
environs, et qui, grâce au grand air, à l'exercice,
et à cette existence si salutaire des champs, faisait,
je vous en réponds, honneur à sa nourrice.... Ma

location, que je ne décorerai pas du nom préten-
tieux de maison de plaisance, consistait tout bonnement en un pavillon carré couvert en tuiles,
composé d'un rez-de-chaussée et d'un premier
étage, et situé à l'extrémité du village, dans une
ruelle isolée donnant sur la campagne, ainsi que
l'indiquait ce nom : *Chemin des vignes.*

Un jardin oblong, d'un arpent environ, fermé de
murs garnis d'espaliers, et dont l'entrée principale
se composait d'une grille en fer à pilastres, seule
apparence bourgeoise décorant cette modeste retraite, précédait l'habitation élevée tout au fond de
l'enclos et à laquelle on arrivait par une allée sablée, bordée de chaque côté d'arbres fruitiers en
plein rapport. Vis-à-vis la maison, s'élevait un massif de rosiers de Bengale, et à droite et à gauche,
sur les façades latérales, éclairées chacune par deux
fenêtres seulement, se dessinait une pelouse de gazon de quatre mètres carrés à peu près, qui m'avait
séduit tout d'abord, parce que j'y avais vu un tapis
naturel très-convenable pour fortifier mon bambin
nouvellement sevré et alors en train de faire et ses
dents et ses jambes.

Le tout meublé assez convenablement, sans luxe,
bien entendu, mais réunissant ce qu'il faut pour suf-
fire aux besoins d'une existence champêtre, m'avait
été loué 500 francs par le propriétaire, M. Roux, ex-
pharmacien, rue Montmartre, l'inventeur du Para-

guay-Roux, un élixir odontalgique qui n'a pas eu la vogue de la pâte Régnault, mais qui a cependant encore aujourd'hui sa célébrité relative. Quand on est jeune on n'est pas difficile : or, je l'étais alors, et de plus j'avais pour voir la vie en rose une raison bien plus concluante que tout le reste. Uni depuis peu à une femme charmante que j'idolâtrais et qui me le rendait bien, je filais le parfait amour comme un vrai berger du Lignon, et ces cinq mots : *une chaumière et son cœur*, l'éternel roman de la jeunesse, m'auraient conduit au bout du monde.

Lorsque le printemps venu, aux premiers lilas, il y en avait des bosquets entiers dans notre closerie, nous vînmes, couple fortuné, prendre possession de notre petit domaine, ma femme ne connaissait encore ni la maison ni le jardin : ils lui plurent, peut-être par les mêmes motifs que les miens. Elle eut la bonté de trouver tout à son goût, le jardinier lui-même, expressément compris dans mon état de lieux, et qui n'en était pas, à vrai dire, le meuble meublant le moins utile. Payé par le propriétaire, toutes ses fonctions consistaient à entretenir le jardin à l'année, à montrer le pavillon aux amateurs, et à donner de l'air aux appartements en ouvrant de temps en temps les croisées. Si l'emploi n'était pas très-lucratif, il n'était pas non plus difficile à remplir. Aussi M. Roux l'avait-il confié au premier venu qu'il avait trouvé sous sa main, c'est-à-dire à

un simple paysan du voisinage, le locataire de
des deux maisons mitoyennes dont se com
alors le *Chemin des vignes*.

Blond comme Sainte-Foy, l'air aussi niais
spirituel chanteur, Gilbert, avec ses longs ch
plats, son nez au vent, ses yeux bleus faïence
grosses pommettes de joue saillantes, légère
vermillonnées, eût admirablement figuré ce
personnage champêtre dans un rôle de Favart
Sedaine. Vrai paysan d'opéra-comique, il ava
ne peut mieux, et le physique et le caracté
l'emploi. Aussi quand, dans les intervalles de
que lui laissait la culture de ses champs dont
voyait régulièrement tous les produits à la
suivant la coutume invariable adoptée par les
vateurs des environs de Paris, il avait le ten
venir ramer nos pois, arroser nos fraisiers,
nos pommes de terre et sarcler nos carottes,
lui arrivait deux ou trois fois par semaine et h
nait à chaque séance une demi-journée à peu
ces jours-là, qui fût venu nous rendre visite
femme et à moi, et qui nous eût cherchés d
maison, aurait, à coup sûr, perdu sa peine.

Bras dessus bras dessous tous deux et brav
soleil le plus ardent, Madame avec son ombr
sa jolie capeline écarlate encadrant si bien ses
ans, moi avec mon immense chapeau de
digne d'un planteur américain pur sang, n

quittions pas Gilbert d'une semelle. Le brave garçon
était à peine arrivé que, tout fiers d'avoir un jardinier, nous allions, en vrai béotiens que nous étions
nous-mêmes, nous asseoir à côté de lui pendant
qu'il travaillait, la bêche ou l'arrosoir en main, et
il fallait voir quel malin plaisir nous prenions alors
à l'accabler d'une foule de questions aussi saugrenues que ses réponses ; à l'entendre raisonner gravement sur la pluie et sur le beau temps ; discuter
l'influence du chaud et du froid ; constater les es-
pérances ou les craintes relatives à la récolte prochaine ; maudire la race des renards et des blaireaux, maraudeurs nocturnes, n'attendant pas le
ban des vendanges pour ravager ses meilleurs plants
de vigne ; à étudier enfin sous toutes ses faces cette
honnête figure de villageois qui, après avoir tiré à
la conscription, était arrivé à l'âge de trente ans,
possédait une femme, un enfant, payait ses contributions, figurait, le jour de la fête-Dieu, en blouse
gauloise dans les rangs de la milice citoyenne, et
n'avait de sa vie, à part une excursion à pied jusqu'à Versailles, le chef-lieu de son département, où
jouaient ce jour-là les grandes eaux, perdu de vue
le clocher de sa commune. Quel type curieux ! l'excellente et bonne nature ! que de joyeuses naïvetés,
que de charmants contes à dormir debout ! les fous
rires qui nous prenaient tout à coup au milieu de
ces bourdes, au grand étonnement de notre campa-

gnard, gardant toujours son imperturbable sang-froid et nous contemplant bouche béante, sans rien comprendre à cette explosion de gaieté.

Je vous demande pardon, messieurs, de m'étendre aussi complaisamment sur de si futiles détails; mais l'aventure que je vous ai promise m'a amené, malgré moi, à tous ces doux souvenirs de jeunesse, à ces heureuses réminiscences d'un temps qui ne reviendra plus, et je ne puis me rappeler, sans une certaine émotion, la modeste retraite où se sont écoulées, sans contredit, les heures les plus fortunées de ma vie. D'ailleurs, à tout bien prendre, interrogeons-nous tous ici : évoquer notre passé quel qu'il fût, n'est-ce pas évoquer des rêves évanouis; n'est-ce point reconstituer par la pensée, comme le bonhomme *Jadis* de Murger, tout un monde de chimères et de fantômes, ombres chères que nous avons plus ou moins caressées et que la froide réalité du présent ne remplace pas? Du moment où il s'agit de fantômes, la transition est toute naturelle : revenons à nos revenants.

Il y avait à peine huit jours que nous étions installés dans notre rustique villa, quand un beau matin, comme nous faisions un bouquet dans une magnifique bordure de violettes encadrant l'un des tapis verts situés sous nos fenêtres, et dans l'angle duquel figurait un puits à moitié masqué par un massif d'ébéniers :

« Sais-tu, mon ami, ce qui me déplaît ici, me dit Mme Léon Bertrand, et ce que je ferais très-certainement disparaître à l'instant même, si cela ne dépendait que de moi ? »

Sans être une petite-maîtresse, ma femme est très-impressionnable de sa nature, elle a ses petites superstitions à elle ; elle croit à l'influence du vendredi et du nombre treize ; une salière renversée, deux couteaux mis en croix l'affectent ; une glace brisée la ferait se trouver mal…. le soir, le murmure de l'eau qui coule, le frémissement mystérieux des peupliers, et à plus forte raison les éclairs et le bruit de la foudre lui font un effet dont elle ne peut se défendre ; adorables faiblesses, du reste, et dont un mari qui comprend son rôle aurait grand tort, suivant moi, de se plaindre ? Le roi Louis XVIII, qui était un homme d'infiniment d'esprit, appréciait beaucoup, entre gens mariés, l'influence secrète du tonnerre…. Il en tirait pour le recensement futur de la population, en raison des rapprochements qu'il opère, des conséquences assez logiques.

« Qu'est-ce donc ? demandai-je à ma femme.

— C'est ce vilain saule pleureur que voilà planté dans le coin du gazon, à droite du puits, me répondit-elle.

— Et pourquoi cela ? repris-je.

— Tu sais fort bien, me dit-elle, que je ne puis pas voir ces arbres-là, même en peinture…. un saule ordinaire, passe encore, en dépit de la romance d'Othello.... mais les saules pleureurs, oh! non : point de grâce....

— Je comprends, chère amie ; à quoi bon des pleureurs ici ?... nous avons bien assez de l'enfant, et nous sommes trop rieurs tous les deux.

— Allons, tu plaisantes toujours quand il s'agit des choses les plus graves. Tu n'as sans doute pas oublié, ajouta-t-elle, d'où vient mon antipathie pour ce vilain arbre qu'on devrait proscrire de tous les jardins d'agrément? En passant rue du Coq, devant la boutique de Lemonnier, ce fameux artiste en cheveux, et en examinant les cadres exposés dans sa montre, n'as-tu pas toujours vu ce mélancolique arbuste figurer à côté des ifs et des cyprès, et ombrager de sa larmoyante chevelure ces mots sacramentels : *Il fut bon époux et bon père.... A notre ange!* C'est un arbre du Père-Lachaise ; et celui-là, planté comme il est là, sur ce gazon, je ne sais pourquoi, mais il me contrarie, il me taquine....

— Enfant! dis-je à ma femme, oh! que te voilà bien avec tes folles idées ; enfin, je te promets d'en dire un mot à Gilbert le jardinier.... ne pleure pas ; nous verrons ensemble, quand il viendra, s'il n'y a pas moyen de l'enlever. »

Le soir, comme Mme Gilbert rentrait des champs, rapportant sur son épaule le souper de sa vache, je l'invitai à se reposer un instant au moment où elle passait devant la porte du jardin, et je lui fis part, afin qu'elle en prévînt son mari, du désir manifesté par ma femme....

« Madame a bien raison, me dit-elle, et ses suppositions ne la trompent pas. On s'est bien donné de garde de vous rien dire quand on vous a loué la maison ; le propriétaire, M. Roux, nous l'avait défendu.... mais il y a effectivement quelqu'un d'enterré là.... et, avec ses appréhensions, votre femme est plus près de la vérité que vous ne pensez.... Ce gazon et ce saule pleureur.... cachent une tombe ! »

Vous vous imaginez sans peine combien je demeurai stupéfait à cette révélation inattendue.

Nous étions venus à la campagne pour nous distraire des tristes préoccupations de la ville, pour fuir surtout le spectacle de toutes ces misères humaines, enseignements quotidiens fort peu récréatifs bien que d'une haute philosophie, que met forcément sous nos yeux le droit de bourgeoisie dans cette vaste fourmilière dont se compose la grande cité parisienne :

La porte cochère de votre maison toute tendue en noir un beau matin, juste au moment où vous descendiez à votre cave et où l'écaillère du coin vous apportait une cloyère d'huîtres destinées à une demi-douzaine de joyeux convives invités la veille par vous, à venir prendre leur part d'un déjeuner d'amis; le chœur de votre paroisse décoré, au milieu d'une double rangée de cierges étincelants, du blanc linceul d'une jeune vierge morte à seize ans d'une phthisie pulmonaire, à l'instant même où, souriant tout bas à une gracieuse et jolie commère, la botte vernie, l'œil pimpant, ganté beurre frais, vous veniez prendre possession de la chapelle latérale pour y tenir sur les fonts de baptême un innocent *bébé* frais et rose, dont, comme dans *la Dame blanche*, vous regrettiez de n'être que le parrain; la lutte perpétuelle enfin de la Mort et de la Vie, cette comédie où nous jouons tous un rôle plus ou moins long, et dont le Temps, armé de sa faux, est le sombre metteur en scène.

Et précisément nous retombions dans ce que nous avions voulu éviter; nous étions, sans nous en douter, les hôtes de madame la Mort; notre jardin n'était qu'un cimetière, notre villa qu'un pavillon funèbre, élevé au milieu de ce champ d'asile, dans le genre de ceux qu'habitent les gardiens salariés de nos nécropoles. Quand notre enfant, essayant ses forces naissantes, se roulait sur cet épais gazon si engageant, si vert, tout émaillé de blanches pâquerettes, horreur! profanation sacrilége! c'était sur une sépulture, sur un froid cadavre que, son hochet en main, s'amusait ce cher petit être!... Vous m'avouerez qu'il n'en fallait pas davantage, sans parler de l'eau du puits que nous buvions et dont je crus

m'expliquer alors le goût suspect, pour nous faire
déguerpir à l'instant même.

« Mais c'est un acte d'indigne mauvaise foi de la
part du propriétaire, dis-je alors à la femme Gilbert. Il y a là motif à résiliation immédiate, et on
ne trompe pas les gens de la sorte.... Qui donc est
inhumé là?... ajoutai-je, un criminel? un suicidé?
un mécréant, mort sans confession et qu'on n'a pas
voulu admettre en terre sainte?

— Pas tout à fait, me répondit mon interlocutrice... c'est l'ancienne propriétaire du pavillon,
Mme V..., la tante d'un fameux peintre, m'a-t-on
dit, et dont Gilbert a vu de bien belles batailles au
Musée de Versailles, le jour où jouaient les grandes
eaux.

— Y a-t-il longtemps que cette personne est
morte?

— Ah dame! ma foi, monsieur, m'est avis qu'il y
aura bientôt cinq ans.... Oui, cinq ans aux prunes
prochaines....

— Et pourquoi n'a-t-on pas fait pour elle comme
pour tout le monde? par quel hasard n'est-elle pas
enterrée dans le cimetière du village? »

Mme Gilbert se retourna, et jetant un coup
d'œil sournois à droite et à gauche, comme pour
voir si personne ne pouvait entendre ce qu'elle allait
me dire :

« C'était un esprit fort que cette dame V..., me

répondit-elle en baissant mystérieusement la voix,
une philosophe, comme on dit : vous savez du reste
que c'est toujours comme ça dans ces familles d'ar-
tistes. Elle est morte à quatre-vingt-six ans. Elle
avait connu dans sa jeunesse, bien avant la première révolution, une foule d'écrivains célèbres
qu'elle citait à tout propos et dont elle savait par
cœur les ouvrages : un M. de Voltaire, qui était né
natif du village de Chatenay, tout près d'ici; un certain Rousseau; MM. Diderot, d'Alembert, que sais-
je? bien d'autres encore, dont je ne me rappelle
plus les noms, bien qu'elle les eût sans cesse à la
bouche.... Une aimable petite vieille au demeurant,
gaie, spirituelle, accorte; charitable au pauvre
monde et très-aimée de tous nos paysans, qu'elle
n'hésitait jamais, à l'occasion, à aider de ses con-
seils ou de sa bourse. Mais quand elle est morte, à
peine courbée par l'âge, encore coquette, lisant
couramment son journal sans avoir besoin de bé-
sicles, — tenez, c'était là-bas, sous ce berceau de
chèvrefeuilles, qu'elle se mettait chaque matin, et
je la vois encore avec son béguin blanc et son ver-
tugadin de soie puce, — elle a voulu rester fidèle à
ses principes, et comme au fond elle ne croyait pas
à grand'chose, n'allant jamais à la messe, ne rece-
vant M. le curé que pour le convertir, disait-elle en
riant, elle a laissé un testament qui, par une clause
formelle, recommandait de ne pas l'inhumer ail-

leurs que dans son propre jardin, près de ces églantiers qu'elle avait elle-même greffés et dont elle
aimait à cultiver les roses. Ses héritiers ont respecté ses volontés dernières, et quand M. Roux, la
succession ouverte, a acheté la propriété, on lui a
imposé l'obligation, lors même qu'il viendrait à
tout retourner ici, de respecter ce petit coin de terre.

— Eh bien ! c'est une servitude fâcheuse, et maison et jardin seraient de nouveau mis en vente que
je n'en voudrais pour rien à ce prix-là. En attendant, je vous le recommande bien à mon tour, pas
un mot de tout ceci à ma femme.... je la connais....
si elle apprenait jamais la moindre chose qui pût la
confirmer dans ses judicieux soupçons, elle ne res-
terait pas une heure à Verrières. Quant à moi, je
vais de ce pas à Paris, m'expliquer avec le propriétaire. »

Comme j'allais, sans même rentrer à la maison,
retenir une place à la voiture de Barbu, digne cou-
cou à dix places qui faisait alors le service du pays,
en passant par Sceaux et le Bourg-la-Reine, le hasard voulut que je rencontrasse en chemin le père
Michel, notre boulanger, l'adjoint au maire de la
commune. Je lui contai naturellement ma décou-
venue et la démarche que j'allais faire.

Le père Michel était un brave homme.... il me
tenait en grande estime parce qu'avant d'être installé dans Verrières, je m'étais lié au cabaret avec

un nommé Alexis, simple cordonnier de son état, mais l'un des plus fins braconniers que j'aie connus, et que cette liaison lui avait valu différentes fois, à la suite de quelques coups d'affût tentés ensemble, des preuves palpables de nos succès. Si j'éprouvais du plaisir à tuer un lièvre, de son côté le père Michel ne dédaignait pas le civet, surtout quand la veuve Maréchal, la digne Mme Grégoire de l'endroit, à l'enseigne du *Pompier* (un portrait en pied, par parenthèse, de feu son époux, qu'elle avait bien et dûment accroché sous une énorme branche de houx, au-dessus de la porte du logis), voulait bien arroser le susdit civet d'une ou deux vieilles bouteilles de son meilleur bourgogne, un vin qu'Alexis ne voulait jamais boire avant de partir en chasse, parce qu'il commençait par le faire *loucher*, prétendait-il, et qu'il finissait par lui faire voir double.

Ma confidence l'inquiéta : mon élection de domicile parmi ses administrés, dans le sein de sa commune, lui garantissait d'avance, aux dépens de la Couronne et malgré les gardes du buisson, un croc assez bien garni.

« C'est inutile d'aller à Paris, me dit-il; samedi dernier, à la requête de M. Roux lui-même, on s'est occupé dans le conseil municipal de savoir s'il n'y avait pas lieu d'exhumer Mme V.... et de transférer ses restes dans le cimetière du pays. Vous concevez p que l'intérêt d'un propriétaire doit passer avant la fantaisie posthume de cette bonne vieille. Une demande en règle a été adressée au préfet, elle est accompagnée du consentement de la famille; écrivez un mot de votre côté, à titre de locataire, trop bon vivant pour vous complaire avec les morts, et je garantis qu'avant huit jours vous serez débarrassé de ce vilain voisinage; l'important est de veiller à ce que jusque-là....

— Oh!... et même après, dis-je.

— Mme Léon Bertrand ne soit instruite de rien, la pauvre petite femme. »

Je me rendis au conseil du père Michel. Muni à cette époque-là d'une permission de M. le comte de Montalivet, qu'avaient sollicitée pour moi, près de Gustave de Wailly, les beaux yeux de Mlle Béranger, l'une des étoiles dramatiques du temps, j'avais le privilége de pouvoir toute l'année exploiter, le fusil en main, et le buisson de Verrières et l'étang de Saclay.... sous le prétexte assez ingénieux de réunir, comme directeur du *Journal des Chasseurs*, les éléments de cette collection zoologique que j'ai rendue depuis tellement complète qu'il m'a fallu, ne sachant plus où la caser, la céder à un musée de province; j'avais alors, comme un vrai souverain que j'étais, chasse de bois et chasse de marais; et, avec mes instincts et mes goûts, il m'en eût coûté énormément, je l'avoue, de renoncer à de tels avantages.

Du reste, Michel ne m'avait point trompé, et l'é-
vénement justifia ses prévisions beaucoup plus tôt
que je ne l'espérais.

Quatre jours après notre conversation, l'adjoint
boulanger vint lui-même jusqu'à la maison pour
nous apporter notre provision de pain, et comme il
la déposait sur le buffet de la salle à manger, dans
laquelle je me trouvais en ce moment avec ma
femme, je vis, à un petit clignement d'œil imperceptible, qu'il avait une communication importante à me faire :

« Ah! mon cher monsieur Léon, mon pauvre
Pataud est bien malade, » me dit-il d'un air sournois.

Pataud, c'était son chien de cour, un beau terre-
neuve que quelquefois nous emmenions ensemble
aux étangs pour le voir se jeter à l'eau du haut de
la chaussée.

« Depuis hier il ne bouge pas de sa niche, et si
vous vouliez venir le visiter, vous qui vous y connaissez et qui savez traiter les chiens, vous me ren-
driez vraiment service.

— Ne va pas te faire mordre, au moins, me dit
ma femme : si par hasard il était enragé. » La peur
des chiens hydrophobes est encore au nombre de
ses terreurs féminines; mais celle-là, quoique chasseur, je la partage entièrement, je le confesse.

Nous n'étions pas dans l'allée du jardin, Michel

et moi, nous dirigeant vers la porte, que prenant la parole :

« Vous m'avez compris? me dit-il; la maladie du chien, qui se porte mieux que vous, sauf votre respect, n'est qu'un prétexte adroit dont vous n'avez pas été la dupe. Mais; tout boulanger que je suis, je ne suis pas si simple que j'en ai l'air, et je suis venu vous apporter moi-même la nouvelle, afin que demain vous ne soyez pas dans le pétrin.

— Demain? répliquai-je en l'interrompant d'un air étonné.

— On déménage la petite mère V.... La cérémonie a lieu à midi. L'autorisation d'exhumer est arrivée de la préfecture; le clergé est prévenu; M. le curé, heureux de pouvoir faire la nique à celle qui n'a jamais voulu mettre les pieds dans son église, ni de son vivant ni après sa mort, doit déployer, dit-on, une grande pompe. Il viendra jusqu'ici avec la croix et la bannière, précédé du bedeau et du serpent, entouré de ses enfants de chœur et de ses chantres. Arrangez-vous donc, coûte que coûte, pour emmener madame à Paris ce soir même, et ne la ramenez qu'après-demain.... Vous concevez quelle révolution lui ferait cette singulière invasion, et ce qu'elle éprouverait quand, au chant du *De profundis*, elle verrait pénétrer ici tout ce lugubre cortége.

— Mais elle en mourrait pour sûr, rien que cela, et

M. le curé, faisant d'une pierre deux coups, aurait, j'en suis certain, deux enterrements au lieu d'un. »

Je retournai immédiatement chez Gilbert, que je trouvai en train de déjeuner, et, décidé à faire partir ma femme sur-le-champ, je lui donnai mes instructions en conséquence. Calculant qu'une absence de vingt-quatre heures serait bien courte, j'avais résolu, nous étions au lundi, de ne revenir que le samedi suivant. Il fut convenu entre le jardinier et moi qu'il lèverait lui-même, avec les plus grandes précautions, tout le gazon recouvrant la fosse, qu'il le replacerait avec les mêmes soins, aussitôt l'opération terminée, en comblant et nivelant le tout de manière à ce qu'il fût impossible de se douter du moindre travail; et sur sa promesse formelle d'être, jusqu'à la fin de la saison, aussi muet que cette tombe elle-même, je lui glissai dans la main un louis qu'il glissa lui-même dans sa poche. C'était bien là l'occasion ou jamais de faire disparaître le maudit saule pleureur. Mais, afin de ne pas même donner prétexte à une interrogation embarrassante, nous tombâmes d'accord tous les deux qu'il était plus prudent de le laisser en place.

Cinq minutes après, j'avais imaginé un motif plausible pour démontrer chez moi la nécessité d'un départ immédiat. Il ne s'agissait rien moins que d'une indisposition assez grave de ma mère, dont la nouvelle venait de m'être apportée à l'instant même par notre blanchisseur arrivant de Paris, et, à quatre heures précises, nous montions en voiture, emmenant la maison tout entière, c'est-à-dire l'enfant, la cuisinière et la bonne.

Après quelques jours pleins passés dans la capitale, ce qui ne parut pas trop long à notre jeune ménage, alors fort amateur de bals, de concerts et de spectacles, ces innocentes occasions de toilettes regrettées que la campagne ne comporte plus, nous revînmes à notre petite villa, toujours gais comme pinsons, et ce qui va sans dire, quant à moi, plus tendre et plus heureux que jamais.

Un avis officiel m'avait prévenu, dans l'intervalle, que tout s'était parfaitement passé; que la défunte n'habitait plus le jardin, et que, grâce à ma recommandation, les dispositions avaient été si bien prises, le gazon, enlevé à l'avance par bandes, si bien remis en place et si bien arrosé, que moi-même, qui étais au courant de l'opération, j'aurais peine à en découvrir la moindre trace. La lettre, qui venait du père Michel, m'annonçait en même temps, par *post-scriptum*, que ma présence le samedi suivant était indispensable à Verrières, attendu que ce jour-là c'était pleine lune, et qu'on avait découvert au-dessus de la grande sablière du taillis Pontalba, toute une famille de blaireaux, dont la destruction urgente réclamait impérieusement mon dévouement, c'est-à-dire quelques heures d'attente passées en forêt, à la belle étoile.

A cette époque-là j'étais fanatique d'affût. Pour tirer à la surprise un renard, un blaireau, un chevreuil, je serais resté sept à huit heures en place ; tantôt perché sur un chêne à la lisière du bois, tantôt accroupi en plein champ dans un trou à fumier, ou masqué par une touffe de genêts ou de fougères. Combien de nuits j'ai sacrifiées ainsi, non-seulement au printemps, au milieu des senteurs odorantes du serpolet et de la menthe sauvage, sous cette voûte radieuse et pure que sillonne de temps en temps un éclair lointain, où brille soudain une étoile filante, fugitif météore aussitôt disparu qu'enflammé, admirant le calme religieux de toute cette nature endormie, que ne trouble alors que le cri plaintif de la chevêche ou la cadence perlée du rossignol amoureux ; mais encore dans la saison rigoureuse, en plein cœur d'hiver, par huit à dix degrés de froid ; le corps, la plupart du temps, à peine abrité par le talus d'un fossé, n'ayant pour tout siége qu'une terre gelée, quelquefois couverte de neige ; grelottant, claquant des dents, soufflant pour les réchauffer dans mes doigts engourdis ; mais oubliant comme par enchantement toutes ces misères, à l'instant où un léger bruit de feuilles froissées, le craquement de la neige durcie, ces indices révélateurs qu'une oreille exercée perçoit alors de si loin, m'annonçaient à pas comptés l'approche cauteleuse de l'ennemi.

Le soir à neuf heures, en partant pour aller affûter mes blaireaux, j'entrai un instant chez le voisin Gilbert, que je tenais à complimenter du zèle et de l'habileté qu'il avait mis à suivre mes instructions.

« Oh! parbleu, monsieur, me dit-il, la chose a été bientôt faite, et cela ne nous a pas donné beaucoup de travail; elle tenait si peu de place cette pauvre petite vieille.... Figurez-vous que tout a été fini en moins d'une heure, et, chose singulière, bizarre, comme le terrain ici est un terrain très-sec, un fond de sable, il en est résulté pour la maman V.... ce qui arrive pour nos pommes de terre et pour nos dalhias, quand nous les enterrons l'hiver. Elle était conservée, cette chère dame, à croire qu'elle reposait là depuis hier. Le cercueil seul était un peu détérioré; mais quand on en a tiré le corps pour le remettre entre quatre belles planches de chêne tout neuf, on aurait juré que le drap blanc de fine toile de Hollande qui lui servait de linceul, venait de sortir de la lessive.

— C'est égal, dit Mme Gilbert, on a eu beau lui chanter des *Libera*, la venir chercher ainsi en grande cérémonie et l'habiller à neuf après l'avoir aspergée d'eau bénite, je suis sûr qu'au fond elle n'était pas du tout contente, la pauvre chère dame; qu'elle n'est allée là-bas qu'à contre-cœur, et que si une fois transportée au cimetière elle avait pu sortir de sa fosse et revenir ici, elle ne se serait pas fait prier deux fois.... Qu'en pensez-vous, monsieur Léon?

— Je pense qu'elle est bien où elle est, repartis-je.... D'ailleurs, ajoutai-je, voulant me faire passer aux yeux de ces braves gens pour un gaillard qui ne doute de rien et au-dessus des préjugés du vulgaire, je n'ai jamais cru aux revenants.... et, si pareille fantaisie lui prend jamais, je ne suis pas curieux, mais je ne serais pas fâché de voir ça! »

Puis aussitôt, avant qu'on eût répondu à cette fanfaronnade de mauvais goût, je pris, mon fusil sous le bras, le chemin qui, montant au bois, me menait droit à ma sablière. J'avais dit à la maison de ne pas veiller pour m'attendre, que je ne rentrerais pas avant minuit.

Le temps était magnifique.... la clarté de la lune alors dans son plein, ce qui permettait de distinguer, comme dans le jour, chaque objet sur lequel tombaient ses rayons lumineux ; l'absence de toute espèce de vent, condition atmosphérique on ne peut plus favorable en pareille occurrence; par suite, un calme assez profond pour entendre un mulot trotter sous bois; toutes ces circonstances réunies, faisaient, sans contredit, de cette belle soirée de printemps, l'une des nuits d'affût les plus propices que pût souhaiter un braconnier émérite.

N'était le bruissement des insectes dans l'herbe,

le chant monotone du grillon, cet hymne d'amour qu'entonne le mâle, au seuil de son foyer champêtre, en faisant vibrer la base de ses élytres ; le bourdonnement du hanneton volant autour des cerisiers en fleurs ; et au loin, au fond de la vallée marécageuse de la Bièvre, le concert de cette innombrable famille des batraciens, dont nos nobles aïeux avaient bien raison de purger leurs domaines, aucun bruit n'eût troublé le religieux silence de cette nature complétement endormie.

Quand j'arrivai à la sablière, dans laquelle, de temps immémorial, existait un immense terrier, véritable casemate souterraine avec ses chambres et ses acculs ; forteresse vingt fois assiégée, enfumée, contre-minée, et dans laquelle n'en habitait pas moins pêle-mêle, chaque année, toute une république de lapins, renards et blaireaux, les premiers n'échappant à la dent vorace des seconds, qu'en leur abandonnant les grandes artères de la cité, tandis qu'eux n'en occupaient que les impasses, je m'aperçus que l'ami Michel, ou bien Alexis luimême, étaient venus dans la journée sur les lieux y passer leur petite inspection. L'entrée de chaque principale gueule était masquée par un petit carré de papier fixé à une brindille, précaution que tous les chasseurs connaissent et pratiquent, quand ils savent un animal au terrier et veulent l'empêcher d'en sortir.

Je commençai, en prenant toutes les précautions usitées en pareil cas, par dégager chaque trou l'un après l'autre, afin que les locataires, en s'y présentant, fussent bien et dûment convaincus que la consigne était levée ; puis, cette première opération finie, je passai à une seconde non moins importante, celle de me choisir à portée, tout en me dissimulant moi-même dans l'ombre, un poste d'où je pusse à mon aise, distinguant tout sans crainte d'être vu, surveiller et la place et l'ennemi. Telle dut être plus d'une fois, dans le cours de notre campagne de Crimée, — je m'en rapporte au brave général d'Autemare, mon honorable abonné au *Journal des Chasseurs*, qui, six mois avant la chute de Malakoff, m'adressait sa traite de renouvellement avec ces mots prophétiques : *payable à Sébastopol!* — la situation d'une embuscade de zouaves, attendant de pied ferme une sortie nocturne des Russes.

A droite de la sablière, dans l'angle, s'élevait un noyer qui, la surplombant un peu et placé dans la pénombre effectuée par un petit bois d'acacias, me parut un observatoire commode. Je m'y installai le plus solidement que je pus, en me plaçant à califourchon à la bifurcation des deux premières maîtresses branches, et, une fois perché, je fis ce qui reste à faire en semblable circonstance, c'est-à-dire que j'attendis et m'armai de patience....

Mais j'eus beau espérer, tendre l'oreille, m'écarquiller les yeux, prêtant, à défaut de la réalité, des formes fantastiques aux quelques racines saillantes obstruant l'ouverture des gueules; soit que les fiches placées dans la journée eussent inquiété ces animaux si méfiants, soit qu'ils eussent eu vent de mon travail, à l'instant où j'en débarrassais le terrier, toujours est-il qu'aucun blaireau ne montra le bout de son nez, et qu'à part deux ou trois lapins, hardis bouquins risquant leur peau pour courir quelque aventure nocturne, je n'eus pas la moindre occasion d'essayer si, à quinze pas, un coup de zéro bien placé, est capable d'arrêter sur place un animal aussi dur et aussi vivace.

Minuit sonnait à l'église de Verrières, heure solennelle, fatale, qui vibre toujours mystérieusement, douze fois répercutée par l'écho solitaire dans l'âme de l'homme qui veille, quand, tout à coup, je vis paraître à l'extrémité de la sablière que longeait le chemin d'Igny à Malabry, la résidence des gardes du Buisson, un homme dont rien ne m'avait signalé l'approche; il est vrai que depuis quelques instants il s'était élevé un vent assez fort.

A la précaution avec laquelle avançait l'individu, je pensai avoir affaire à un confrère jaloux d'aller sur mes brisées, et qui, les nuits étant très-courtes en cette saison, venait s'installer là pour la rentrée du matin.

« Le pauvre diable n'a pas de chance, me dis-je en moi-même, car je suis bien certain qu'il n'est pas sorti grand monde.... »

Quand le particulier ne fut plus qu'à quelques mètres du terrier, je vis avec surprise qu'il n'avait pas de fusil, et je reconnus alors le père *Renard*, le garde champêtre de la commune d'Amblainvilliers, un braconnier aussi enragé que moi, mais pas tout à fait de la même école. Il n'y avait pas cinq minutes que le vieux coquin était là, que j'étais au courant de sa visite mystérieuse. Il venait tout bonnement vérifier, de coulée en coulée, si les collets à lapins qu'il avait tendus à la chute du jour dans les passages les plus frayés, n'avaient pas fait déjà quelques victimes.

« Ah ! par exemple ! me dis-je tout bas, je m'en vais lui faire une rude peur, à ce gaillard-là. Il faut que je lui donne une leçon, lui qui prétend me faire un procès la première fois qu'il me pincera, dit-il, dans les genêts du mont Alta, à *appeauter* les perdrix rouges du roi. »

Et comme il passait sous mon noyer, tout occupé de sa recherche, et naturellement interrogeant plutôt le sol que les astres :

« *Au Renard ! au Renard !* » m'écriai-je de toute la force de mes poumons, en me laissant choir de mon blockhaus aérien.

A cette apostrophe inattendue, une telle frayeur

saisit le pauvre diable, que je regrettai presque ma plaisanterie ; car, au lieu de fuir, il était tombé tout de son long, la face contre terre, ses jambes embarrassées dans les ronces s'étant dérobées sous lui, et en proie à un spasme nerveux qui m'effraya, me faisant craindre pour lui un coup de sang ou une attaque d'apoplexie ; il n'articulait plus que quelques sons inintelligibles qui avaient peine à sortir de sa poitrine oppressée. Je le retournai vivement : ses dents claquaient, ses yeux étaient hagards, ses traits bouleversés n'avaient plus rien d'humain.... Il était vraiment hideux à voir.

Je pris une gourde d'eau-de-vie que je porte toujours dans mon carnier, et, lui soulevant la tête, j'essayai d'introduire quelques gouttes du cordial entre ses lèvres crispées.

Mais, hélas ! soins inutiles ! plus je faisais d'efforts pour ranimer mon homme, et surtout pour le rassurer, plus la terreur contre laquelle il luttait semblait le dominer et s'accroître. Enfin, à force de lui parler, de le raisonner, le père *Renard*, chez qui je voyais bien qu'il avait dû se passer quelque chose d'extraordinaire, pour déterminer en lui une révolution si prompte et si complète, finit par reprendre ses sens : bientôt tout danger disparut ; il venait de me reconnaître.

« Ah ! monsieur, c'est vous ! me dit-il en se mettant sur son séant.... Eh bien ! si je ne suis pas mort de peur, vous pouvez dire que ce n'est pas votre faute.... On ne fait pas de farces pareilles.... Comment! vous étiez là!... à l'affût? perché dans ce noyer?...

— Oui, mon vieux brave! — l'épithète était vraiment de circonstance....

— Mais vous ne savez donc pas, ajouta-t-il en se relevant tout à fait, que c'est à cet arbre-là, à la grosse branche même sur laquelle vous étiez assis, que la semaine passée, vendredi dernier, s'est pendu Gosset, le charron, après la visite domiciliaire que lui avaient faite le matin les gendarmes de Sceaux. Comme il était encore tout chaud quand je l'ai trouvé en venant prendre ici une brouettée de sable, et qu'on a prétendu que si, au lieu d'aller prévenir sa femme qui lavait en bas à la Tuilerie, j'avais tout de suite coupé la corde, il aurait bien pu en revenir, en vous entendant m'apostropher, j'ai cru que c'était lui, le pauvre cher homme!... Oh! est-on bête, mon Dieu!... est-on bête; j'en ferai une bonne maladie, c'est sûr.... »

En attendant, mon gaillard était complétement remis, et ce qui m'en fournit la preuve, c'est qu'au moment où, cinq minutes après, nous nous quittâmes à la Croix-Lambert, au tournant du chemin vicinal qui descend de Verrières à Amblainvilliers, le braconnier avait pris le dessus sur le garde champêtre, à en juger par les recommandations pressantes que me fit le rusé compère de ne parler à personne des incidents de notre rencontre.

En entrant dans le pays qu'il me fallait traverser d'un bout à l'autre pour regagner notre ermitage, je passai devant l'église, au pied de laquelle, comme presque dans tous nos villages, s'étend, fermé par une simple clôture en maçonnerie à hauteur d'appui, le modeste champ d'asile de la commune, cette dernière demeure où nos haines se taisent, où nos ambitions s'endorment, et où nous allons tous un jour, un peu plus tôt, un peu plus tard, nous reposer, plus ou moins las, des fatigues de notre pérégrination terrestre.

Un calme profond enveloppait toute la cité funèbre, cette espèce d'échiquier humain semé çà et là, comme d'autant de cases, de ses dalles noires et blanches, et que dominent par intervalles quelques mausolées plus apparents, représentant assez bien, au milieu de l'uniformité générale des tombes, les Rois et les Fous, les Cavaliers et leurs Tours, ces hauts et puissants personnages qui, sous la main du Grand Joueur, dans cette éternelle partie de la Mort et de la Vie, n'en sont pas moins soumis au mot fatal : *Échec !* et autour desquels se groupent, enlevés comme eux au moment où ils y pensent le moins, les Pions, ces prolétaires modestes.

On n'entendait, au milieu du silence de la nuit, que le grincement de la vieille girouette du clocher,

tournant aigrement du haut de sa flèche en fer au
gré du vent qui soufflait alors de plus en plus fort,
et qui, à certains nuages montant à l'horizon, annonçait même un prochain orage. Vous imagine-
riez-vous, voyez un peu jusqu'où va parfois l'égare-
ment de l'esprit, quelle folle pensée me traversa le
cerveau, en longeant ce cimetière si paisible?

Déjà mal disposé sans doute par la révélation du
père Renard m'apprenant quelle mauvaise inspira-
tion j'avais eue, en me plaçant dans ce noyer fatal
qui, peu de jours avant, avait été l'instrument d'un
suicide, je me rappelai les paroles de Mme Gilbert
avant mon départ pour l'affût, et je m'imaginai
qu'effectivement Mme V..., l'ex-propriétaire de
notre pavillon, près de laquelle je passais en ce moment, devait me voir, m'entendre et m'en vouloir
énormément d'avoir troublé son repos, en joignant
ma requête à celles qui avaient motivé, nonobstant
ses volontés dernières, sa brusque exhumation du
jardin. Je pressai le pas, tout préoccupé par cette
lugubre idée, sentant malgré moi comme une secrète frayeur s'infiltrer en tout mon être, et telle est
dans certaines circonstances la faiblesse de notre
pauvre organisation, qu'arrivé à notre porte, dans
cette ruelle isolée et déserte, je ne me serais pas
retourné pour tout l'or du monde. Il me semblait
que j'entendais marcher derrière moi; c'était comme
un bruit léger, une espèce de frôlement impercep-

tible plutôt qu'un pas régulier : on eût dit que j'étais poursuivi par une ombre, probablement le spectre de la défunte....

Je me hâtai de prendre la clef sous l'une des deux assises en pierre sur lesquelles reposaient les pilastres de l'entrée. C'était là qu'on la cachait d'habitude quand j'avais prévenu que je ne rentrerais qu'à une heure avancée de la nuit : l'éloignement de la maison et la difficulté d'ailleurs d'y faire correspondre une sonnette, motivaient cette précaution qui dispensait les bonnes de veiller et me laissait en outre toute ma liberté pour mes allées et venues nocturnes. Je fermai rapidement la grille, donnant deux tours de clef à la serrure, et je m'élançai, respirant en quelque sorte plus à l'aise et comme soulagé d'un grand poids, dans l'allée sablée qui me menait à mon gîte.

Je n'étais plus qu'à une vingtaine de pas de la maison, dont les murs blancs, éclairés par les rayons de la lune, se détachaient sur le fond sombre des massifs auxquels elle est adossée, et j'allais tourner la corbeille de rosiers de Bengale décorant sa façade, quand, en levant machinalement les yeux sur les six pieds de gazon qui, trois jours auparavant, recouvraient encore la sépulture de Mme V..., je restai pétrifié, immobile.... Muet d'épouvante et d'horreur !

Sous le saule pleureur qui naguère abritait la

tombe, se dressait debout, enveloppé dans son suaire, le spectre de la trépassée..... Ce n'était point une illusion de mes yeux, ni une hallucination de mon esprit troublé.... Le fantôme qui semblait m'attendre, agitait ses bras comme s'il se fût efforcé de les dégager de son blanc linceul ; et, tandis que sa tête touchait aux premières branches de l'arbre, ses jambes, allant et venant, en proie à un mouvement d'oscillation visible, effleuraient plutôt qu'elles ne touchaient le sol. Elles semblaient, retenues à la terre par une force surnaturelle, invincible, faire de vains efforts pour s'en détacher tout à fait et avancer à ma rencontre.

Un frisson d'indicible terreur me parcourut de la racine des cheveux jusqu'à la plante des pieds.... Quoique peu poltron de ma nature, je sentis tout mon sang refluer vers le cœur, et une sueur froide perler sur mes tempes comprimées. Je voulus parler, la voix expira sur mes lèvres ; je voulus faire un pas, mes jambes se dérobèrent sous moi.... Enfin, m'imaginant par une réflexion soudaine que c'était peut-être quelque mystification, que j'étais sans doute victime d'une mauvaise plaisanterie organisée par Gilbert ou par un autre voisin, curieux d'éprouver mon courage, je finis par pouvoir prononcer quelques mots, et, saisissant rapidement mon arme, j'adjurai l'esprit, sous peine de lui envoyer à bout portant un coup de fusil dans les tibias, de se nommer à l'instant même, et de me prouver, en répondant à mon *qui vive!* qu'au lieu d'être en face d'une apparition de l'autre monde, j'avais affaire à une créature humaine, à un simple farceur en chair et en os comme moi.

Je n'avais pas fini d'articuler ma menace, qu'un éclair, premier indice de l'orage, éclaira tout le jardin de sa lueur blafarde.... et soudain.... ô incompréhensible magie! inexplicable et horrible mystère confirmant cette fois toutes mes terreurs! au moment où un coup de vent affreux, soulevant le sable de l'allée, m'enveloppait d'un tourbillon de poussière, le fantôme s'abîma sous terre. Jamais truc de la Porte-Saint-Martin, descendant dans un troisième dessous, ne fonctionna avec plus de rapidité, ni de précision. Cette fois, il n'y avait plus à en douter.... c'était bien l'ombre de Mme V..., disparaissant tout à coup à mes yeux afin de m'éviter une seconde profanation, bien plus sacrilége encore que la première.

Vous l'avouerai-je? Je me signai malgré moi, et franchissant en quelques bonds, sans oser tourner les yeux du côté du puits, la distance qui me séparait encore du pavillon, je m'élançai plus mort que vif jusque dans la chambre à coucher, où reposait tranquillement ma femme.

Je me serais bien gardé de l'éveiller, et surtout de lui conter mon apparition funèbre; mais un violent coup de tonnerre rendit inutiles les précautions que je prenais pour faire en rentrant le moins de bruit possible.

« Ah! c'est toi, mon ami, me dit-elle. Oh! que tu as bien fait de revenir; j'étais sous le poids d'un rêve pénible; j'avais comme le cauchemar; allume toutes les bougies, je t'en prie, et vois si tout est bien fermé dans la maison.... »

La nuit fut terrible, et jamais orage plus effrayant n'éclata, je crois, au-dessus de nos têtes. Les éclairs, la violence du vent dominée d'abord par le bruit de la foudre et qui ne céda qu'aux torrents d'eau que déversèrent plus tard les cataractes du ciel, tout ce désordre des éléments m'impressionna d'autant plus vivement que, dans les dispositions d'esprit où je me trouvais, il me semblait la conséquence forcée de ma vision; et quand le jour parut, au moment où finissait la tempête, je n'étais pas encore parvenu à fermer l'œil.

Je me levai, et m'habillai pour aller faire un tour de jardin; mais au moment de franchir le seuil de la porte, j'étais encore si bouleversé, que je revins sur mes pas, résolu à n'aller visiter le théâtre de l'action que lorsque, notre premier déjeuner pris, nous pourrions, ma femme et moi, visiter ensemble les dégâts de l'orage.

Comme la cuisinière venait de nous verser le thé dans la salle à manger, rentrait Rosalie, la bonne d'enfant, dont le premier soin, chaque matin, était de remplir la fontaine. Elle tenait à la main un paquet de linge tout mouillé.

« Ah! madame, j'ai de la chance, dit-elle à ma femme. Devinez, ce qu'en tirant mon premier seau d'eau, j'ai remonté du fond du puits.

— Quoi donc? lui dit ma femme.

— Les draps du petit, que j'avais étendus hier au soir pour les faire sécher, sur le saule pleureur, au bord du puits.... il a fait tant de vent cette nuit qu'ils étaient tombés dedans; heureusement qu'ils sont restés accrochés en route, après l'anse en fer du second seau. »

Je partis, malgré moi, d'un immense éclat de fou rire.... à la grande stupéfaction de ma femme qui me sollicita en vain, comme bien on pense, de lui dire le sujet de cet accès d'hilarité stupide.

Je tenais le mot de l'énigme. Mais je l'avoue, messieurs, et plus d'un esprit fort eût sans doute partagé ma faiblesse, j'ai cru un instant aux revenants. »

LE NID D'AIGLE

LE NID D'AIGLE.

Un dimanche matin, dans cette même saison, au commencement de juillet 185...., je ne préciserai pas au juste l'année, j'étais à Puisieux, dans la Brie, chez Gibert-Maisonneuve, un ami à moi, que je vous féliciterais sincèrement, si jamais vous vous rencontrez avec lui, de pouvoir ajouter un jour à la liste des vôtres ; c'est une bonne connaissance.

Comme homme, c'est bien la meilleure nature, l'un des types les plus sympathiques que je sache. La franchise même, la droiture en personne sont peintes en permanence sur cette physionomie ouverte et débonnaire. C'est toujours le sourire aux lèvres, avec la même bonne humeur qu'il vous accoste, accompagnant son abord d'une parole amicale ou d'une cordiale poignée de main, et vous pouvez, sans hésiter, lui rendre cet aimable accueil ; car jamais bouche plus sincère ne vous aura parlé, jamais main plus loyale n'aura pressé la vôtre. Seulement, si vous êtes sensible, priez-le par précaution de ne pas serrer trop fort dans ce mutuel échange de politesse; car le gaillard a le poignet vigoureux, et, ma fôi! quand il s'agit de sentiment, il y va parfois de si bon cœur, que vous pourriez bien regretter d'avoir confié vos doigts à cet étau de nouvelle espèce.

Comme chasseur, et comme tireur hors ligne principalement, je n'ai pas encore vu son pareil, et pourtant ma spécialité et mes goûts, en étendant mes relations dans les deux hémisphères, partout à peu près où le culte du grand saint Hubert est en honneur, m'ont mis forcément à même de connaître un bien grand nombre d'amateurs réels. Chez Gibert-Maisonneuve, et c'est là ce qui constitue en chasse, suivant moi, le caractère distinctif d'un *fusil* de première force, point de ces inégalités accidentelles qu'on reproche souvent aux tireurs les plus en renom et qui n'en font alors que des supériorités journalières, capricieuses. On prétend dans le monde galant que la beauté la plus irréprochable a ses jours, et qu'elle ne perd rien pour cela de son prix ni de son mérite. Je veux bien le croire ; mais à ce compte-là, mon ami n'aura jamais rien de ce qu'il faut pour tenir l'emploi des grandes coquettes. Car il est impossible d'être plus régulier que lui, et pour ma part, je n'ai pas encore, je le répète, ren-

contré un seul chasseur qui, dans toutes les conditions voulues, pour toute espèce de tir ou de chasse,
soit à pied ou à cheval, soit en plaine ou au bois, ait
conservé au même degré que lui et sur les plus habiles, un avantage plus constant, une supériorité
plus marquée.

Je venais de rentrer avec *Pyrame*, le chien d'arrêt
de Gustave, le fils de mon hôte, jeune débutant de
quinze ans auquel j'ai eu l'honneur de faire faire
ses premières armes dans la forêt de Saint-Germain,
et qui promettait déjà, ce qu'il a tenu depuis, c'est-
à-dire de marcher dignement sur les traces pater-
nelles.

On ne chasse pas encore à cette époque de l'année. Néanmoins, on peut toujours, sans violer ou-
vertement la loi, se permettre, le fusil en main,
quelques petites distractions innocentes; se livrer à
la destruction du lapin, par exemple, cet insatiable
rongeur dont la dent féroce n'épargne rien, ni plan-
tations, ni blés, ni luzernes, et que les arrêtés de
certains préfets intelligents, ont en conséquence mis
au ban de l'Empire, en le rangeant dans la classe des
animaux nuisibles que le propriétaire ou fermier a le
droit, en tout temps, d'immoler à sa juste vindicte.

Or, quand je me trouve à Puisieux, ce pays de cocagne, je vous prie de croire que je ne me gêne
guère : je n'use pas de la permission, j'en abuse,
rien entre nous ne me souriant davantage—un reste

sans doute de mes anciennes habitudes de braconnier — que de m'en aller, matin et soir, escorté
d'un chien quelque peu docile, flâner autour des
petites garennes ou remises situées au milieu de la
plaine. Pour peu que le bois soit à portée de quelque trèfle ou sainfoin, mieux encore d'un champ de
colza ou de navettes en fleurs, ces riches bordures
d'or encadrant si bien le tapis vert des prairies ar-
tificielles voisines, je n'ai qu'à prendre mes précautions, c'est-à-dire à arriver à bas bruit, à me glisser
en tapinois, l'œil au guet, tout le long de la lisière
du taillis; ce serait vraiment jouer de malheur, si
parmi toute la bande joyeuse que j'aperçois çà et là
au gagnage, allant, venant, dressant l'oreille, faisant le chandelier, prête à détaler à la moindre pa-
nique, toujours sur le qui-vive même en broutant,
je n'arrivais pas à faire à la surprise, les deux ou
trois coups de fusil que je médite. Car je ne jette
pas ma poudre au premier lapin venu.... je suis
plus ambitieux que cela, j'ai la prétention de choisir mes victimes. J'aime les primeurs et à ce titre je
ne cherche à prélever mon tribut que sur les plus
beaux lapereaux du canton; sur ces jolis trois
quarts, échantillons de la première portée d'avril,
dont le poil lisse, uni, la robe d'innocence encore
sans tache, rappelle le petit gris comme lustre et
comme fourrure.

Du reste, en dehors de l'attrait de la chasse et de

la séduction qu'offre toujours le fruit défendu, il y
a encore, je le confesse, un autre motif secret qui
m'encourage tout en flattant mes goûts, dans ces
petites excursions d'affûteur; ce sont mes tendances
gastronomiques, tranchons le mot, c'est mon penchant à certain péché capital, la gourmandise. Chacun a son faible en ce bas monde, traduction libre
du *trahit sua quemque voluptas*; eh bien! mon faible
à moi, je l'avoue et je le proclame sans vergogne
aucune, dût-il paraître un peu bourgeois, c'est d'a-
dorer le lapin de garenne.

Bien heureux les gardes dont il est convenu que
c'est là le pain quotidien. Au milieu des nombreux
avantages qui m'ont fait envier plus d'une fois de
pouvoir échanger ma position sociale avec celle de
ces pauvres diables, ne fût-ce que pour avoir aussi,
moi : une maisonnette en briques rouges et à
contrevents verts, perdue là-bas sous la futaie,
avec tous les accessoires obligés du décor; le banc
rustique à la porte, surmonté d'une vigne ou d'un
rosier en fleurs; le berceau de clématites à droite,
l'étable et le chenil à gauche; dans un coin de la
cour, le puits, avec sa margelle entourée de per-
venches et de lierre; au fond, le jardin potager
dont les églantiers, fournis par la forêt, donnent
chaque printemps de si belles roses et où bourdon-
nent dix cités industrieuses distillant leurs rayons
de miel, tandis que le chèvrefeuille odorant et les

volubilis aux clochettes blanches et bleues se marient dans sa haie d'aubépines, — j'avoue que *la gibelotte à discrétion*, ce privilége exorbitant dont chacun de ces messieurs use à tire-larigot, a toujours été pour moi l'un de ceux qui m'a le plus fortement séduit. Et quand je dis *gibelotte*, entendons-nous..., je n'ai point encore le goût assez dépravé pour manger toujours mon poisson à la même sauce.

Il y a mille manières d'accommoder le lapin : de toutes les espèces de gibier — vous le savez aussi bien que moi — c'est peut-être celle qui se prête le mieux aux nombreuses et savantes combinaisons de la cuisine. *Quenelles, crépinettes, escalopes, grenadins, attelets, accolades*, le lapin subit toutes les métamorphoses, tous les déguisements inventés de temps immémorial par les raffinements ingénieux de *l'art de gueule*. Que de modes variés, que de procédés divers, depuis le lapin *aux fines herbes*, jusqu'au simple lapin *en papillotes*; depuis le lapereau *à l'italienne*, jusqu'au lapereau *sauté à l'allemande*.

Avez-vous goûté du *turban* de lapereaux *à la Royale*, ce plat si apprécié de Louis XV, dans ses petits soupers tête à tête avec l'ex-pensionnaire de la Gourdan? Lequel préférez-vous d'un *aspic de blancs de lapereaux* — celui que j'eusse conseillé à Cléopatre — ou d'une *entrée de filets de lapins en lorgnette?*

Enfin, laissant au vulgaire la *galantine* de lapins,

le *soufflé* de lapins, les *fritots*, les *terrines*, *purées* et *marinades* de lapins, etc., etc, qui l'emporte à votre avis, dans un menu tant soit peu recherché, des *boudins de lapereaux à la Conti* ou des *filets de lapereaux à la Polignac*, ce grand régal de sa majesté le Roi-chasseur, qui, au lieu de faire contre-signer ses ordonnances par l'ex-ministre de juillet, eût agi plus judicieusement à coup sûr, dans l'intérêt du peuple et dans le sien, en se contentant, à la suite d'un tiré de Versailles, de l'envoyer aux fourneaux pour expérimenter ses recettes de cuisine.

Vous seriez fort en peine, n'est-ce pas, pour vous prononcer entre tant de méthodes diverses? Eh bien! si vous le permettez, je m'en vais, afin de ne point passer à vos yeux pour un gastronome égoïste, vous faire part d'un procédé nouveau que vous ignorez sans aucun doute et qui m'a été enseigné à moi par une autorité respectable, un maître expert en pareille matière, par Alexandre Dumas père, l'élève ou le professeur, je ne saurais trop dire lequel des deux, du célèbre Vuillemot, le maître d'hôtel actuel du Jockey-club. Les journaux de chasse ont tort, à mon avis, d'être aussi sobres de renseignements officiels pour tout ce qui concerne la science gastronomique et notamment la préparation du gibier. Ce sont là de vrais articles de fond qui ont leur utilité et leur importance réelle. Démontrer à un débutant la manière de s'y prendre pour tuer un lièvre est une leçon profitable assurément; mais lui apprendre la recette pour en faire un excellent civet, n'est point un chapitre à dédaigner non plus; c'est le complément de son éducation cynégétique. Tout disciple de saint Hubert qui n'a pas au fond de son carnier son diplôme de bachelier ès cuisine, remporté non à la Sorbonne, mais devant le feu des fourneaux, est à mes yeux un chasseur manqué qu'il faudrait renvoyer à l'école. Car il ne s'agit pas que de tuer du gibier; la belle affaire : il faut encore savoir l'apprêter; en un mot être en état, au besoin, de mettre la main à la pâte et de quitter le fusil pour la casserole. Voici la chose :

Choisissez-moi un beau lapereau. Vous n'ignorez pas, je pense, de quelle manière, différence de nuance à part comme poil, on distingue un *lapereau* d'un *lapin*. Il suffit, ainsi que vous le confirmera la première cuisinière venue, de tâter l'une des pattes de devant, au-dessus de la première jointure. Si vous sentez une petite saillie de la grosseur d'une lentille, c'est une preuve que l'animal est jeune. Il y a encore une autre épreuve infaillible; c'est de consulter l'oreille, qui se déchire aisément chez un lapereau, et qui résiste chez un vieux lapin. Donc, pour en revenir à notre point de départ, choisissez d'abord un beau lapereau, le moins maltraité que vous pourrez trouver. Si au lieu d'être tué au fusil, il avait été pris au panneau ou aux bourses, le sujet n'en serait que meilleur. Videz-le sans le dépouiller et en pratiquant sous le ventre la plus petite incision possible. Prenez le foie; hachez-le avec des foies gras, si vous en avez, sinon avec de bonne chair à saucisses : ajoutez un quart de truffes avec autant d'excellent beurre frais et l'assaisonnement de rigueur (du thym, du laurier, un clou de girofle et une petite pincée des quatre épices), mouillez le tout avec le sang du lapin. Puis, après avoir introduit cette farce dans l'intérieur du corps et recousu la peau soigneusement, de manière à ce qu'aucun de ces ingrédients précieux ne s'échappe, mettez votre animal en broche; arrosez-le de bonne graisse de volailles pour éviter que le poil ne brûle et charbonne; puis, laissez-le rôtir à petit feu, jusqu'à ce que vous le jugiez cuit à point, ce que vous annoncera la boursouflure de la peau qui se fend par places et se détache. Débrochez alors, dépouillez complétement l'animal, en enlevant d'un bout à l'autre cette chemise brûlante, véritable tunique de Nessus, d'où votre lapereau, blanc comme neige, sortira tout fumant au milieu d'une odorante vapeur, et servez chaud sur une sauce Périgueux, telle qu'en sait faire, au café Anglais, son excellent chef, Maréchal.

Je suis bon prince et je veux bien vous donner ma recette pour ce qu'elle m'a coûté à moi-même, c'est-à-dire vous la livrer gratis. Cependant, si lors-

que vous l'aurez essayée, vous vous déclarez satisfait, promettez-moi une chose, c'est, à la première
chasse au bois que nous aurons le plaisir de faire
ensemble, de me prouver, par un rôti de ce genre,
le cas que vous faites de mes leçons. Je ne demande
pas d'autre salaire.

Maintenant, revenons à mon histoire, s'il vous
plaît.

Au moment où, après avoir déposé mon fusil
dans la pièce du rez-de-chaussée qui précède la cuisine, et où se trouvaient attablés autour d'une soupe
aux choux classique, tous les ouvriers de la ferme,
j'allais ramener *Pyrame* au chenil, j'aperçus Follet
qui rentrait de son côté, tenant à la main un superbe renard pris au piége.

Follet — saluez cet autre personnage, non moins
étranger pour vous que son maître, — était dans
ce temps-là le garde particulier de l'ami Gibert. Je
ne vous ferai pas son portrait, non pas qu'il ne soit
digne assurément, malgré la déviation de son épine
dorsale, de figurer en pied dans notre galerie cynégétique, bien au contraire ; mais c'est un type exceptionnel tellement curieux, que je ne puis, pour
vous le bien peindre, me contenter d'une simple
esquisse ; et comme je compte en faire un jour
le sujet d'une étude complète, ce serait une maladresse à moi que de déflorer ici cette figure tout à
fait originale.

« Encore un qui n'en mangera plus, me dit le petit bossu en se débarrassant de son animal, qu'il jeta au pied de l'escalier.

— Un mâle? une femelle? lui dis-je.

— La renarde du mâle que j'ai déjà pris lundi dernier dans le bois de Fontaine; la mauvaise bête m'a donné du mal…. Elle s'est manquée deux fois et a été cause qu'on m'a volé un piége.

— Elle n'avait pas de petits?

— J'en demande pardon à monsieur…. Ça a nourri…. cinq petits, si je ne me trompe, à l'inspection des tettes. Mais les *propre-à-rien* sont déjà grands et ils commencent même à travailler pour leur compte…. à cet âge-là, quatre mois passés, c'est malin…. ça ne mange pas du poulet tous les jours, mais ça se fait vivre. J'en ai tué un, avant-hier vendredi, comme il sortait des prés du moulin…. C'était un poitrinaire il faut croire, ou un élève à M. le curé.

— Comment cela?

— Dame? il avait fait maigre, l'imbécile! il n'avait que des escargots et des grenouilles dans le ventre. Je parierais bien que madame sa mère a mieux déjeuné ce matin….

—Croyez-vous que vous aurez le reste de la portée?

— Les quatre autres? avant la fin de la quinzaine il n'en restera tant seulement pas un, je l'espère bien. Voilà qu'on va faucher les seigles, et ce sera là, j'en suis sûr, la perdition du restant de la famille. N'ayant plus de couvert en plaine, ils seront bien forcés de rentrer au bois.

— Ah çà! mon cher Follet, savez-vous que c'est affaire à vous; et que vous êtes bon là pour les braconniers de toute espèce.

— Je n'en épargne aucun, pas plus ceux à deux pattes que ceux qui en ont quatre, et la preuve, la voilà, continua-t-il en vidant à mes pieds son carnier qui, outre trois belettes et un putois, contenait encore deux corneilles, ce fléau des perdreaux et des faisandeaux en traîne, deux pies, et un magnifique tiercelet (épervier mâle). Mais, monsieur qui est chasseur, — je m'inclinai devant le suffrage très-flatteur de Follet, — sait aussi bien que moi, sans lui commander, qu'il n'y a de gibier dans une chasse qu'autant qu'on s'occupe jour et nuit de la destruction des *fausses bêtes*.

— Voilà une bonne matinée, m'écriai-je, et je vous fais mon compliment. Il n'est pas midi, déjà dix pièces !

— Moitié tuées au fusil, moitié prises au piége. Enfin, d'une manière ou d'une autre, c'est mort, et ce n'est pas un mal dans l'intérêt des lièvres et des perdrix. »

J'allais me retirer après avoir jeté un coup d'œil sur ce champ de carnage. Une interpellation de Follet me rappela.

« Plairait-il à monsieur, me dit-il, pour peu qu'il soit amateur, de m'aider dans mon service et de faire à son tour un assez joli coup de fusil?

— Mais je ne demande pas mieux, mon brave. Quand cela?

— Oh! mon Dieu, cette après-midi même, si cela convient à monsieur. Monsieur, sans lui commander, ne connaît-il pas le bois de Douy?

— Ce buisson à mi-côte, vis-à-vis le bois de Fontaine, qui appartient, je crois, au marquis de Boissy et que l'on compte défoncer cet automne?

— C'est cela même.

— Eh bien! qu'y a-t-il dans votre bois de Douy?

— Il y a que, si monsieur le veut, il aura la chance d'y tuer une pièce bien rare.

— Et laquelle, mon cher, un chevreuil égaré?

— Ah! bien oui, mieux que ça!

— Un sanglier? un loup?

— Mieux que ça encore, mieux que ça. J'ai eu l'honneur de dire à monsieur une pièce rare.

— Une hyène alors, une panthère échappée de quelque ménagerie?

— Monsieur n'y est pas. Eh bien! sans commander à monsieur, je m'en vas lui dire la chose.

« Cette pièce, que j'aurais pu tuer ce matin, — je l'ai eue à dix mètres de mon fusil, plein travers, et j'étais chargé avec du numéro 1, un coup destiné au chien de cour de Jean-Louis. — C'est.... un aigle!

— Un aigle, mon cher Follet, êtes-vous bien sûr du fait? C'est un cas tout particulier dans nos contrées, et nous ne sommes plus au printemps, la saison dans laquelle, les oiseaux de proie effectuant leur passage, il peut arriver, par un hasard exceptionnel, que l'un d'eux s'égare dans sa route.

— Oh! ce n'est pas un voyageur celui-là; c'est un particulier qui a pris ses habitudes dans le pays et qui trouve la position bonne à ce qu'il paraît, grâce aux volailles de Nongloire et aux lapins du bois de Fontaine; car il n'en a fait ni une ni deux; il y a élu domicile, et ce qui est plus fort, il y niche.

— Comment! il y a donc deux individus alors, le mâle et la femelle?

— Mieux que cela, monsieur, père, mère, enfants; la famille est au grand complet, et ce sont de rudes estomacs à nourrir, je vous jure....

— Vous savez où est leur nid? Je n'aurais pas fait, en parlant à Follet, la mauvaise plaisanterie de lui dire *leur aire*.

— Sans doute, et il n'était pas bien malin à trouver.... Quand vous arrivez au haut de la côte, vis-à-vis le village de Douy, vous n'avez qu'à jeter les yeux en face de vous, sur le bois du marquis de Boissy, et vous l'apercevez là, comme le nez au beau milieu du visage. C'est un vrai monument tant il est gros. On dirait le clocher de la cathédrale de Meaux, au moment où des hauteurs de la nouvelle route de

Puisieux, vous découvrez toute la vallée de la Marne. Il est placé tout en haut de cet énorme hêtre centenaire qui s'élève du fond de la grande marnière et domine cependant encore les plus vieux chênes du versant opposé. De loin, au premier aspect, c'est comme un vrai fagot de bourrées que le diable aurait juché là. Mais quand vous approchez de l'arbre, il n'y a plus moyen de s'y méprendre. A la forme de cet amas de branchages, à la manière dont ils sont enchevêtrés l'un dans l'autre, à la mousse et aux brindilles qui en garnissent les interstices, il est aisé de voir que c'est un véritable nid, solidement adossé au tronc du hêtre, juste à la bifurcation de deux grosses branches. Du reste, on douterait de la chose que les cris perçants des jeunes qui sont déjà pas mal forts et dont j'ai même entrevu la grosse tête toute couverte d'un léger duvet blanc, suffiraient pour les trahir; à défaut des yeux, on a des oreilles.

— Mais les gamins de Douy n'ont donc aucune connaissance de cette couvée puisqu'ils ne l'ont pas encore dénichée? il y en a pourtant de bons dans le nombre et qui grimpent aux arbres comme de vrais loirs....

— A preuve que c'est le petit Ferney, le fils du couvreur, qui a gagné l'an passé, à Meaux, le second prix du mât de cocagne, une belle montre en argent estimée soixante francs, et que c'est lui, le *crapaud*, qui va chaque printemps jeter bas tous les nids de corbeaux des plus grands *peuples* du parc de Gèvres. Mais pour toucher à celui-là, je le lui défends à lui comme aux autres.... Monsieur, sans lui commander, n'a donc jamais remarqué le gros hêtre du bois de Douy ? Les plus vieilles réserves de Villers-Cotterets, de l'avis de l'inspecteur lui-même, M. Fliche, ne renferment rien de plus beau : trois mètres et demi de circonférence à la base; les premières maîtresses branches à quarante pieds du sol pour le moins, et jusque-là, une écorce lisse et unie comme une glace. Allez donc essayer de monter là; il n'y a qu'un élagueur belge avec ses crochets qui pourrait risquer la chose, et encore ne le lui conseillerais-je pas.

— A quelle heure êtes-vous libre, mon ami ?

— Après déjeuner, s'il plaît à monsieur, quand j'aurai cassé une croûte et donné la soupe à mes chiens.

— Comptez sur moi ; c'est convenu. »

Deux heures après ce colloque, malgré une chaleur accablante, nous étions en route Follet et moi. Le bois de Douy n'est tout au plus qu'à trois kilomètres de la ferme.

En chemin, je lui demandai quelques détails sur une capture de nuit assez importante qu'il avait effectuée, m'avait-on dit, une quinzaine de jours auparavant, avec beaucoup de résolution et de sang-froid.

Un ouvrier charron du pays, vrai pilier de cabaret, plus amateur de la bouteille que d'un moyeu
ou d'une jante, s'était vanté par fanfaronnade, en
présence de témoins, de n'avoir peur, quand la fantaisie lui prenait de manger un lièvre ou un lapin,
ni du garde champêtre, ni des gendarmes, à plus
forte raison de Follet, de ce méchant *bosco* comme
il l'appelait, qui n'avait, suivant lui, qu'un peu de
langue et ne valait seulement pas une chiquenaude.
Dans le fait, c'était une assez mauvaise pratique que
ce drôle : braconnier audacieux, il n'exerçait que la
nuit, par les plus beaux clairs de lune, et préférant
le fusil aux collets, il disait qu'un homme devait
aimer l'odeur de la poudre; qu'il ne fallait jamais
sortir sans son arme, et que quant à lui, sûr de son
coup, il abandonnait aux femmes et aux enfants le
soin de mettre des cravates.

Ces propos furent répétés à Follet, auquel on ne
manqua pas d'exagérer, en les lui rapportant, le
peu de cas que l'individu qui les avait tenus, déclarait faire de sa personne. Le dimanche suivant,
après la messe, le garde, qui tenait à sa dignité
d'homme, était le premier attablé au cabaret, endroit que, de son côté, il fréquentait plus souvent
qu'à son tour. Mais cette fois sa conduite était excu-
sable, car blessé dans son amour-propre, il ne venait
là que pour provoquer une explication, et s'il avait
soif, c'était moins d'absorber deux ou trois litres

de *petit bleu* dans la société des amis, que d'amener son détracteur à faire amende honorable en leur présence. L'insulte ayant été publique, il désirait que la réparation le fût aussi.... Malheureusement l'entrevue ne répondit point à son attente; comme il avait affaire à un garnement, celui-ci, au lieu de se rétracter quand il l'interpella, ne fit qu'envenimer la querelle; des paroles on en vint aux menaces, peu s'en fallut même aux voies de fait; et lorsque les deux adversaires se séparèrent, il y avait eu entre eux un défi échangé, et pour ainsi dire rendez-vous pris sur le terrain, afin de savoir, à la première occasion, lequel des deux reculerait devant l'autre.

J'ai souvent fait une remarque qui, pour peu que vous soyez observateur, a dû vous frapper comme moi : c'est qu'ordinairement le courage moral d'un homme est d'autant plus grand que sa taille est plus exiguë; son énergie d'autant plus forte que sa personne est plus disgraciée, sa constitution physique plus chétive. Voyez *David*, ce pygmée, devant le géant *Goliath*; voyez cet avorton de *Quasimodo* en présence du farouche *Claude Frollo*, la personnification de la force brutale; tous les deux payent par le cœur, s'ils ne payent pas relativement par la mine; et si l'un et l'autre sortent victorieux de la lutte, c'est parce que la nature a compensé par l'audace ce qui manquait en eux, soit sous le rapport de la taille, soit sous celui des formes, et que l'on pourrait leur appliquer le vers du poëte, en parlant des abeilles, ce type du courage uni à la faiblesse :

Ingentes animos angusto in corpore versant.

Follet, en fait de bossu, est grotesque ; c'est le véritable type de *Mayeux*. Mais, en revanche, il est aussi brave au fond qu'il est ridicule en apparence, et s'il avait toujours su conserver sa dignité personnelle, s'il n'avait pas, par son funeste penchant pour la boisson, donné à tous les gamins de Puisieux le droit de l'escorter dans les rues du village, en parodiant à ses oreilles la chanson de M. Dumollet :

> Bon voyage, monsieur Follet,
> A la maison arrivez sans naufrage ;
> Bon voyage, monsieur Follet,
> Tenez le mur, en avant le jarret !

il est incontestable que jamais meilleur garde, jamais agent plus actif, plus sûr, plus solide, n'aurait pu être préposé à la surveillance d'une chasse.

Trois jours après la scène du cabaret, il avait pris son braconnier au bois de Fontaine, et seul, à deux heures de la nuit, l'avait ramené, après l'avoir désarmé, jusqu'à la ferme, exploit qui, après ce qui s'était passé et en comparant les deux champions, paraissait vraiment inconcevable.

Quand nous fûmes sur la lisière du bois, juste à l'angle où la prise avait eu lieu, j'insistai, sachant, du reste, combien j'allais flatter l'amour-propre du héros de l'aventure, pour que, séance tenante et sur le théâtre même de l'événement, il me fît un récit circonstancié de la manière dont les choses s'étaient passées.

« Il était une heure et demie du matin, me dit-il; il faisait un clair de lune à voir trotter un mulot à portée de fusil. J'avais la certitude que mon homme, parti de Puisieux à minuit, n'était pas encore rentré chez lui. Le berger de M. Tronchon de Nogeon l'avait vu passer auprès de son parc, un fusil sous le bras, au moment où, sauf le respect que je dois à monsieur, il était sorti lui-même de sa cabane pour satisfaire.... suffit; monsieur me comprend.... Par la position du vent—il était de galerne et venait de Douy sur Nongloire — je devinai l'affût du sacripant. Il ne pouvait s'être posté qu'ici, sur la bordure du bois de Fontaine, à cet angle où le taillis forme hache et où cette pièce de trèfle incarnat, nouvellement fauchée, offre justement un très-bon gagnage. Je ne m'étais pas trompé.

« Vous voyez bien là, sur le revers du fossé, cette cépée de charmes où pendent en ce moment quelques branches flétries — un malin ne ferait pas ça, attendu que si en cassant les branches qui le gênent, un affûteur se ménage un tir plus facile, il laisse, en revanche, des traces qui décèlent plus tard des habitudes — eh bien! c'était justement à cette même place, qu'était installé notre particulier. Il y a des pressentiments qui ne trompent jamais, je le sentais avant de l'avoir vu. Que faire? lui tomber dessus tout droit par la plaine, impossible. Cette nuit-là, il faisait autant dire aussi clair qu'en plein midi, et jugez vous-même; tournez-vous un instant en vous adossant au bois, et dites-moi si, dans cette position, on ne verrait pas venir un lièvre d'une bonne lieue, à plus forte raison un homme.

« Qu'ai-je imaginé? Opérant un long détour, j'ai fait tout le contraire de ce que fait un bon veneur quand il prend *les grands devants;* j'ai pris les *arrières,* ce qui veut dire que je me suis coulé à bas bruit jusque dans la pente du bois; et une fois arrivé là, tantôt en m'aidant des pieds et des mains, tantôt en rampant comme une couleuvre à travers ce fossé d'assainissement qui partage le taillis en deux coupes depuis la base jusqu'au faîte — Monsieur peut bien croire que je n'en menais pas large assurément — j'étais, en moins d'une demi-heure de temps, parvenu si près de mon individu, que du petit chemin de ronde qui longe le fossé, j'aurais pu le toucher du bout de mon canon de fusil, et sauf le respect que je vous dois, lui administrer un.... remède d'une drôle d'espèce.

« L'instant était critique, et, bien que je ne sois pas poltron, j'avouerai à monsieur que le cœur me faisait tic tac. C'est un jeu à risquer sa vie ou celle de son prochain, ce qui n'en vaut guère mieux ; et ma foi, pour mon compte, j'étais décidé à tout ; au petit bonheur ! Ah ! monsieur, qu'on a bien raison de dire que celui-là n'est guère brave qui n'a pas la conscience tout à fait nette.

« *Dépose les armes ou cesse de vivre !* lui criai-je comme ça tout à coup, en lui appliquant le bout de mon canon dans l'oreille.

« Eh bien ! croiriez-vous que le lâche n'a pas demandé son reste, et qu'à cette simple parole — il est vrai que le ton fait la chanson, et qu'il a bien compris qu'à la moindre hésitation je lâchais le coup — il a laissé tomber son fusil dans le fossé et s'est élancé d'un bond à travers champs. Mais les jambes lui flageolaient tellement, qu'à la première taupinière, il a fait le manchon cul par-dessus tête, comme un vrai lièvre qu'on roule, et deux secondes après je le relevais plus mort que vif, l'invitant poliment à marcher devant moi, ce qu'il a fait de la meilleure grâce du monde. »

Cependant, tout en causant ainsi, mon compagnon et moi, nous avions doublé la pointe du taillis, et en face de nous, de l'autre côté d'une petite vallée, à trois cents mètres tout au plus, se dessinait le petit bois de Douy qui couronne la colline opposée.

« Le voyez-vous, le voyez-vous? me dit Follet, en me montrant du doigt le fameux hêtre au sommet duquel j'apercevais effectivement comme une masse compacte et brune de la grosseur de trois nids de pies : avant cinq minutes nous y sommes.

— Ce sera tout juste à temps pour nous mettre à l'abri de l'orage, lui répondis-je, car il s'en prépare un conditionné. »

Effectivement, tout l'horizon était noir comme de l'encre, et sur ce fond menaçant, sillonné déjà par la foudre qu'on entendait gronder dans le lointain, se détachaient dans leurs évolutions rapides, de nombreux vols de pigeons, désertant prudemment la campagne pour regagner à tire-d'aile les colombiers des fermes voisines. Pas un souffle dans l'air embrasé, d'où s'exhalaient comme d'une fournaise des bouffées de vapeurs brûlantes. Les oiseaux se taisaient sous la feuillée : aux flancs de la montagne, groupé en rangs pressés, à l'angle d'une remise de joncs marins, bêlait tout un troupeau inquiet, immobile. A part le son argentin des clochettes et le chant monotone de la caille dont la note martelée redouble d'ardeur par les temps d'orage, comme si l'électricité agissait sur l'organisation lascive de l'oiseau, on n'entendait aucun bruit dans toute cette vaste plaine, véritable mer de moissons jaunissantes, attendant, comme l'océan, que la grande voix de la tempête éclatât et vînt, dominant toutes les les autres, interrompre ce calme perfide.

Nous n'avions pas mis le pied dans le bois de Douy, que de larges gouttes de pluie commençaient à tomber à travers les feuilles des arbres, en même temps qu'un violent coup de tonnerre, précédé à quelques secondes d'intervalle par un éclair éblouissant, éclatait au-dessus de nos têtes. Nous n'eûmes que le temps bien juste de nous réfugier dans une espèce d'excavation creusée par les enfants dans la paroi latérale d'une vaste sablière, située à quelques mètres du but de notre excursion, le gros hêtre. Mais nous ne pouvions rien souhaiter de mieux, comme observatoire, que cette grotte factice. A peine y fûmes-nous installés, profitant pour nous asseoir d'une espèce de talus circulaire recouvert de mousse, ménagé dans le sol, qu'en levant les yeux, je distinguai parfaitement, l'embrassant on ne peut mieux et dans son ensemble et dans ses parties, le vaste édifice aérien que Follet m'avait annoncé. Nous étions placés là aux premières loges pour tout voir et pour tout entendre. Le garde ne m'avait rien exagéré quant aux proportions gigantesques du monument qui me parut, au premier coup d'œil, mesurer plus d'un mètre carré. Mais quel en était l'architecte? était-ce effectivement un aigle? Voilà ce qu'il ne m'était pas possible de vérifier et ce que j'avais au surplus bien de la peine à

croire, en dépit des assurances formelles de mon
guide. Dans tous les cas, mon incertitude à cet égard
ne pouvait se prolonger bien longtemps, car les grands
parents étaient absents, circonstance qui me surprit
beaucoup, en raison de l'état du ciel, et qui inquié-
tait encore plus les membres de la jeune famille à
en juger par le concert sauvage que les imprudents
faisaient entendre. Or, il était évident que quelque
éloigné que fût le cercle de leurs maraudes, nos
deux braconniers ne pouvaient tarder à revenir au
bivac. Mais quels parages exploitaient-ils d'habitude? grâce au plus simple raisonnement, les suppositions de Follet à l'égard des volailles de Nongloire
et des lapins de Fontaine étaient une pure calomnie.
Leur garde-manger n'était pas là, et très-certainement nos pillards devaient s'approvisionner ailleurs,
imitant en cela la tactique habile du loup, cet astucieux pourvoyeur qui, par mesure de prudence,
n'exerce jamais la moindre rapine dans le pays
même qui recèle sa portée.

Au bout d'un quart d'heure d'attente, au moment
où la tempête déchaînée sévissait dans toute sa fureur, les éclairs succédant aux éclairs, les gronde-
ments de la foudre se mêlant aux rafales de vent
sous lesquelles se tordait en craquant la cime or-
gueilleuse des chênes, un énorme oiseau de proie
que nous n'avions vu arriver ni à droite ni à gauche,
vint fondre, plutôt qu'il ne s'abattit, à travers le

sommet branchu de l'arbre. Je ne pus calculer au
juste la dimension de son vol; car, lorsque je l'aperçus, il avait pris pied sur le bord du nid et repliait
les vastes pennes de ses ailes. Aux cris impatients
des petits et à la manœuvre effectuée par le nouvel
arrivant dont nous distinguions par intervalles les
mouvements réguliers de tête, je jugeai qu'en bon
chef de famille il leur distribuait une proie quelconque qu'il déchiquetait à coups de bec, pendant
qu'il la maintenait entre ses serres. Tout entiers à
cette scène intéressante, nous n'osions nous communiquer nos impressions réciproques. Ce fut Follet
le premier qui se chargea de rompre le silence.

« Eh bien, qu'en pense monsieur? me dit-il à voix
basse, mon rapport était-il exact?

— Parfait, mon garçon, comme tous ceux que
vous faites les jours de chasse, quand il s'agit de
rembûcher un sanglier ou un chevreuil; mais la
question n'est pas encore jugée, il reste maintenant
à savoir quel est cet individu-là; s'il appartient, à
n'en pas douter, à la classe des oiseaux de proie,
ce n'est pas une raison pour qu'il fasse partie de la
famille des aigles.... »

Mon hésitation à me prononcer sur ce point, parut contrarier mon interlocuteur.

« Monsieur veut-il prendre mon fusil, et lui envoyer le coup gauche, celui qui est chargé du numéro 1 destiné à Farot?

— Oh! patience, mon cher, nous avons tout le temps, et pour rien au monde je ne dérangerais ce petit repas de famille.

— Tout comme monsieur voudra; ce que je lui en dis, après tout, c'est à cette seule fin de sauvegarder le gibier du bois et de la plaine. Si, le mois de septembre venu, il n'y a pas de perdreaux dans les couverts de Puisieux, et s'il ne reste pas une seule compagnie de faisandeaux dans les tailles du Montrolle, les maîtres ne se plaindront pas : ils sauront que d'autres chasseurs, et des malins, ceux-là, qui n'ont besoin ni de poudre ni de plomb, les ont braconnés avant eux. Entendez-vous comme ils se moquent de nous? » ajouta-t-il en me faisant remarquer un cri strident que venait tout à coup de jeter l'oiseau, cri de colère destiné à modérer sans doute l'appétit trop vorace des convives....

Je ne répondis rien.... car j'avais parfaitement saisi cette note aiguë; mais, chose bizarre, ce n'était pas la première fois qu'elle me semblait frapper mon oreille.... Comme je me recueillais, interrogeant mes souvenirs confus, soudain un second cri, semblable au premier, mais plus perçant encore, plus sauvage, domina le bruit de l'orage. Pour le coup je fus fixé; comme le matelot au milieu d'une tempête, j'avais reconnu le sifflet du contre-maître.

« Que vos renards, dis-je à Follet, ne fassent pas

plus de mal à votre gibier de poil et de plume, que
ces gaillards-là ne leur en font, et je vous garantis
qu'à l'ouverture il y aura encore le soir bon nombre
de victimes étalées dans le garde-manger de Puisieux. Ce sont des amis que vous avez là, mon cher,
et il est à regretter pour vous que vous n'ayez pas
su établir avec eux des rapports de bon voisinage,
vous ménager, comme on dit, des intelligences dans
la place. Où se trouvent les marais de Crouy, dites-
moi? Ne sont-ils pas de ce côté-là, sur notre droite?

— Oui, sans doute, il faut aller d'ici passer tout
droit chez M. Alexandre Gibert, à Rouvres.

— Quelle distance comptez-vous environ à vol
d'oiseau?

— Une bonne lieue et demie, si je ne me
trompe.

— Jean Protat, le garde-pêche de Crouy, n'est-il
pas un assez mauvais coucheur, à ce que je me suis
laissé dire?

— Oh! pour celui-là, c'est la vérité; on n'a point
fait un faux rapport à monsieur; Jean Protat est un
vieil égoïste qui n'a jamais pensé qu'à lui, et qui
n'irait seulement pas jusque-là dans le but d'obli-
ger un camarade. Croiriez-vous que moi et Crépin,
le piqueur de M. Fournier, un bon enfant celui-là,
nous lui avons déjà donné plus de vingt kilos de
sanglier, comme ça se pratique d'habitude entre
gardes, et que lui, il en est encore à nous offrir, à

moi, un mauvais barbillon d'une livre, à Crépin, un peu d'alevin pour les étangs de Villers-Coterets ?

— Eh bien ! si vous voulez goûter de son poisson, et du meilleur encore; pas du fretin, mais des carpes et des brochets qui, un jour de vendredi saint, ne déshonoreraient pas la table d'un évêque, je puis vous enseigner le moyen de faire sans coup férir votre provision quotidienne.

— Quoi, sans même encourir la chance du plus petit procès-verbal?

— Sans vous compromettre le moins du monde. Vous le braconnerez d'ici.

— D'ici? quelle plaisanterie !

— C'est comme j'ai l'honneur de vous le dire.

— Ah! par exemple, elle est un peu forte celle-là! Il faudrait d'abord pour cela posséder une ligne de fond un peu longue.

— Aussi vous y prendrez-vous d'une tout autre manière.

— Et comment cela, sans commander à monsieur?

— Votre fusil remplacera la ligne. Vous tuerez ses carpes au vol.

— Pour le coup, c'est par trop violent, et monsieur veut rire, sans doute.

— Rappelez-vous bien ce principe, mon cher Follet; c'est que de ce qu'une chose vous semble incroyable à première vue, il n'en faut jamais conclure qu'elle soit impossible. Vous m'avez invité à venir jusqu'ici sur la foi de quoi? D'un fait fabuleux, l'existence dans le bois de Douy d'un nid d'aigle. Je suis venu néanmoins; j'ai voulu vérifier la chose par mes yeux : à votre tour, faites comme moi, montrez-moi un peu plus de confiance. Tenez, la pluie a cessé, je crois; oui, l'orage a coulé sur Meaux et voici le couchant qui se dégage. Je ne sais lequel de vos deux oiseaux est en ce moment sur le nid, si c'est le mâle ou bien la femelle; mais imitez-moi, sortons sans faire de bruit de notre retraite, et je vais, j'espère, vous mettant le doigt dessus, comme on l'a fait jadis pour saint Thomas, vous rendre un peu moins incrédule. »

Ce disant, je joignis l'exemple aux paroles, et m'éloignant à pas comptés du hêtre, suivi par le garde qui emboîta le pas sans mot dire, réglant ses mouvements sur les miens, je gagnai à cent mètres de là un point culminant du taillis, d'où, masqués tous deux par quelques touffes de noisetiers, nous embrassions d'un coup d'œil toute la plaine, depuis la ferme de Puisieux jusqu'à la flèche du clocher de Rouvres.

« Découvrez-vous parfaitement tout l'horizon? dis-je à Follet....

— Parfaitement.

— Pas un oiseau qui traverserait l'espace n'échapperait à votre rayon visuel?

— Oh! pas la moindre alouette.

— Eh bien ! mon cher, attention et patience. A moins que les jeunes habitants du hêtre ne soient orphelins de père ou de mère, vous allez assister à un spectacle curieux. Mais commencez par me passer votre arme, car je ne veux pas que vous soyez tenté de tirer. C'est un honneur que je me réserve. On n'a pas toujours l'occasion d'avoir un aigle au bout de son fusil.... »

Je ne finissais pas mes recommandations, que j'aperçus à environ sept à huit cents mètres de nous, se dirigeant sur le bois de Douy en droite ligne, un oiseau, qu'à sa grosseur à pareille distance, — il paraissait de la taille d'une corneille ordinaire, — je jugeai tout de suite être celui que nous guettions. Je n'avais pu le découvrir plus tôt, parce que ne volant pas à une grande hauteur, comme tous les rapaces chargés de butins, il louvoyait à demi-portée de fusil du sol, en rasant le fond de la vallée. Je poussai Follet du coude et l'invitant à faire comme moi, c'est-à-dire à se baisser tout à fait, je lui montrai à l'horizon ce point noir qu'il n'avait pas encore remarqué, et qui, se rapprochant de nous de minute en minute, avait déjà pris des formes respectables.

— C'est lui ! c'est bien lui ! s'écria mon compagnon hors de lui-même, et traduisant par des phrases entrecoupées, à mesure que la distance diminuait, les transitions mobiles de sa pensée.

« Voyez, voyez! comme il grossit à vue d'œil, à mesure qu'il avance.... Quand je disais à monsieur que c'était un aigle.... quel vol majestueux! quel coup d'ailes! c'est qu'il n'est pas à une grande élévation au moins.... il frise la cime des ormes du vieux chemin de Nogeon; dans quelques secondes, il va passer ici, sur nos têtes.... Attention, monsieur, ne vous pressez pas.... Le voilà! visez bien en avant du bec, un peu en tête.... mais Dieu me pardonne il a fait chasse et il tient dans ses serres.... à vous donc.... à vous.... un magnifique.... »

Follet n'eut pas le temps d'achever la phrase; j'avais serré le doigt, et l'oiseau, faisant un brusque écart, avait aussitôt lâché sa proie, en donnant à gauche un vigoureux coup d'aile.

« Ah! malheur! fit le garde, quel dommage! si monsieur m'avait laissé mon fusil, je l'aurais doublé.

— Vous l'avez vu laisser tomber ce qu'il portait, dis-je à Follet.

— Oh! oui, monsieur.... un magnifique levraut....

— Ma foi! tant pis pour la loi sur la chasse. MM. les gendarmes d'Acy ne sont pas là pour verbaliser; entrez dans le taillis et allez ramasser la pièce.... là, à trois pas en avant, au pied de ce petit bouleau, un peu à votre droite, la tenez-vous?

— Sacré mille bombes, monsieur, qu'est-ce que c'est que ça? s'écria Follet en se baissant stupéfait.

Savez-vous ce qu'il tenait, le brigand? c'est une carpe. »

Et, la pièce en main, il revint tout penaud vers moi qui riais à me tenir les côtes.

« Eh bien! lui dis-je, lorsque mon accès d'hilarité fut passée, quand je vous disais tout à l'heure, mon brave, que d'ici, sans vous gêner, vous dépeupleriez les étangs du père Protat, et que vous tueriez ses poissons au vol... vous en avais-je imposé? voilà, j'espère, de quoi faire une fameuse matelotte.... pesez-moi un peu ça.... si le poids de cette carpe-là ne dépasse pas trois livres, mettons que je n'ai rien dit.

— Mais c'est à en perdre l'esprit, reprit Follet, et si on ne se raisonnait pas un peu — il faut vous dire que le petit bossu passe dans Puisieux pour une des fortes têtes du pays! Il lit quelquefois le *Conseiller Municipal*, un journal que reçoit Gibert-Maisonneuve, en sa qualité de maire, et quand le garde champêtre est empêché, c'est lui qui affiche le *Moniteur des Communes*.

— Eh bien?

— Dame, ce serait à croire que monsieur est sorcier, et que cet oiseau du diable est Satan en personne.

— Rassurez-vous, mon cher Follet.... la caque sent toujours le hareng, dit-on; mais soyez sans inquiétude, ce poisson-là n'a pas la plus petite odeur de soufre. Mettez-le donc hardiment au fond de

votre carnier sur un bon lit de mousse que nous
allons mouiller au pied de la côte, à la fontaine
Saint-Philebert. L'oiseau que je viens de tirer et que
j'ai manqué à dessein, me contentant de l'effrayer
pour lui faire rendre gorge, est effectivement ce que
vous supposiez, c'est un aigle.... mais en ornitholo-
gie, on lui donne un nom particulier; on l'appelle
le *Balbuzard* ou l'*Aigle pêcheur*. C'est avec le *Milan
Royal* et le *Jean-le-Blanc*, le plus gros de tous nos
oiseaux de proie; il dépasse même ces deux derniers comme envergure, mesurant dans certains
individus, ceux-ci par exemple qui me paraissent
d'une forte espèce, jusqu'à un mètre soixante-dix
centimètres de vol, c'est-à-dire un peu plus de cinq
pieds. Il ne se nourrit que de poissons et ne fréquente en conséquence que les pays bas et humides, à portée des rivières, des marais ou des étangs,
pour lesquels il est un braconnier des plus redou-
tables, surtout à l'époque où il élève ses petits. Une
particularité singulière de l'*Aigle pêcheur* que dans
certains pays on nomme encore l'*Aigle de mer*, c'est
qu'il a tout le dessous des serres garni de petites as-
pérités pointues, taillées en angle comme si la lime
y avait passé et qui en font une véritable râpe. Il a
une vue très-perçante et découvre à merveille au
milieu des algues ou sur les bancs de sable les poissons qui dorment à fleur d'eau ; et quand il plonge
du haut des airs dans l'élément liquide, les serres

en avant, faisant jaillir à droite et à gauche une blanche écume sous l'effort puissant de ses ailes, il est rare qu'il manque sa proie. C'est principalement au moment du frai, qu'il commet les plus grands ravages. Un jour, à l'étang de Saint-Quentin, près de Versailles, où je chassais la bécassine, j'ai observé un de ces oiseaux qui nichait probablement dans les environs, soit au Butard, soit au bois d'Arcy, et dans l'espace de deux heures, je l'ai vu successivement enlever avec une adresse merveilleuse trois brochets dont le plus petit ne pesait certainement pas moins de quatre livres. On prétend qu'on peut dresser le balbuzard pour la pêche, comme on dresse les faucons pour la chasse. Cette supposition ne me paraît pas impossible. Cependant, au lieu de perdre son temps à faire une éducation difficile et qui peut souvent ne pas réussir, il est plus simple, quand on connaît un nid, d'agir de ruse, et de faire du père et de la mère ses pourvoyeurs naturels, en s'y prenant comme je viens de m'y prendre.

— Et vous pouvez croire que je ne m'en priverai pas, me dit Follet ; merci de la leçon ; maintenant que je sais la manière de s'en servir....

— Vous n'avez qu'à venir matin et soir vous embusquer dans ces parages, et tant que les petits ne quitteront pas le pays, ce sera bien rare si vous ne réussissez pas. »

Le lendemain de cet épisode, comme en descendant de ma chambre à coucher j'entrais à la cuisine dire bonjour à Phrosine, la ménagère de Puisieux, et passer l'inspection de ses casseroles, devoirs auxquels je ne manque jamais, aussitôt que je suis levé, la première chose que j'aperçus, ce fut un magnifique balbuzard, étalé au beau milieu de la table, avec une tanche de la largeur des deux mains. C'était le mâle de nos oiseaux....

Follet, l'oreille basse, était dans l'angle de la cheminée, occupé à laver nos fusils, vis-à-vis le garde champêtre assis sur une chaise et qui le regardait faire sans mot dire.

« Comment, lui dis-je, maladroit! C'est comme ça que vous profitez de mes leçons.... Vous avez tué *la poule aux œufs d'or?*

— Oh! ne m'en parlez pas, monsieur, me dit le petit bossu avec un soupir de contrition, j'en suis encore tout ahuri. Mais aussi ce n'est pas ma faute, c'est celle à Constant, ajouta-t-il en désignant le garde champêtre. Figurez-vous que ce matin, nous nous sommes rencontrés en chemin.... il a voulu m'accompagner jusqu'à Douy pour boire bouteille. Nous étions un peu émus en sortant du cabaret, et quand j'ai lâché la détente, j'ai eu comme un éblouissement, une espèce de tremblement nerveux.

— Permets, permets, interrompit Constant, qui

passe pour un loustic dans la commune, tu n'ex-
pliques pas bien la chose, et je m'en vas en deux
mots la conter à monsieur. Follet ne peut pas manquer un coup de fusil, c'est connu ça, c'est plus
fort que lui.... la grande habitude. Pour lors donc,
comme l'oiseau nous venait, il visait effectivement
de côté, de manière à mettre bien en dessus. Mais
le vin blanc, ça vous tourne la tête, et comme il
était dedans, voilà sans doute ce qui explique son
coup en dessous. »

A cette mauvaise plaisanterie, tout le monde
partit d'un grand éclat de rire, Phrosine, Adèle la
fille de cuisine, Amable le charretier, moi le premier....

Il n'y eut que Follet qui ne partagea pas l'hilarité
générale. Il n'y a rien de maussade comme l'ivrogne à moitié dégrisé auquel on reproche son vin.

LE
TERRIER DU CIMETIÈRE

LE
TERRIER DU CIMETIÈRE.

Cinq heures du soir finissaient de sonner à l'hôtel-de-ville de Baden-Baden, comme le digne Spackmann, ancien majordome du margrave d'Anspach, et depuis intendant de l'*Aigle Noir*, la meilleure table d'hôte du grand duché, ouvrant gravement les deux battants de la porte d'un salon où se trouvaient réunis une vingtaine de joyeux convives, tous plus ou moins affamés, grâce aux vertus apéritives des bains, annonça à la satisfaction générale que le dîner était servi.

Le vieux baron de Spilaw se leva le premier, culbutant son jeu d'échecs avec l'impatience d'un joueur qui a compromis sa partie : son ami, le docteur Martineau, le suivit non sans lui faire observer d'un air de triomphe que deux minutes de plus il le faisait *échec* et *mat;* puis, s'empressant avec toute l'urbanité d'un émigré français, en dépit de ses soixante ans passés et de sa goutte, notre Esculape s'en fut galamment présenter la main aux dames, que, pour la première fois de la saison, semblaient un peu négliger cinq ou six jeunes élégants, groupés ensemble près du balcon, dans tout le feu d'une conversation animée.

« Je parie que ces messieurs parlent chasse, dit en riant et assez haut pour qu'on l'entendît, la jolie comtesse de Limbourg, des genoux de laquelle personne ne songeait à retirer le lourd métier à tapisserie sur lequel se dessinait sa main blanche et effilée.

— Justement, madame, répondit Frédéric de Lowenstein, l'un d'eux, jeune officier prussien, auquel il était facile de voir que s'adressait plus directement le reproche; et voici le coupable qui vous demande humblement pardon, » ajouta-t-il, en offrant, en expiation de son oubli, un bras que l'on eut l'indulgence d'accepter jusqu'au milieu de la salle à manger voisine.

En un instant chacun eut pris place à table.

Ce ne fut d'abord, tout le temps que dura le premier service, qu'un choc universel d'assiettes et de verres, accompagné d'un certain bruit monotone qui témoignait assez des heureuses dispositions des convives; mais le premier appétit satisfait, on échangea bientôt de part et d'autre quelques mots insignifiants, escarmouches partielles qui précèdent toujours dans un repas l'engagement d'une conver-

sation générale; et vingt minutes s'étaient à peine
écoulées, que d'un bout à l'autre de la pièce domina, comme une espèce de feu roulant, tout un
bourdonnement de voix discordantes et confuses,
tohu-bohu assourdissant où se heurtent une foule
de propos sans suite, et qui ne cesse de fatiguer
l'oreille que lorsqu'une parole, jetée au hasard,
captive tout à coup sans s'en douter la curiosité ou
l'intérêt de l'assemblée. C'est ce qui arriva dans la
circonstance présente. Depuis une heure chacun
parlait sans rien dire, chacun riait sans savoir pourquoi, quand soudain une simple exclamation de
surprise, un *Ah! vous voulez savoir où j'ai passé
la nuit?* adressé par Frédéric à la comtesse de
Limbourg, sa voisine, enchaîna comme par miracle toutes ces langues qui fonctionnaient à merveille.

« Mais savez-vous, madame, continua le jeune
homme au milieu d'un silence qui fit rougir son
interlocutrice, savez-vous bien que vous m'adressez
là une question étrangement indiscrète? C'est justement l'emploi de cette nuit mystérieuse que j'é-
tais en train de conter à lord Hollis, lorsque vous
nous avez obligeamment rappelés à nous-mêmes.

— Et vous jugez combien le récit était intéressant, se hâta d'ajouter en s'inclinant lord Hollis,
puisqu'il nous occupait au point de nous faire oublier la présence de ces dames.

— Sans doute quelque histoire bien noire? fit la comtesse avec un petit air dédaigneux qui lui allait à ravir.

— Une vraie nuit des Mystères d'Udolphe, répondit Loweinstein. Mais voyez un peu combien je joue de malheur, vous nous raillez tous les jours sur une passion qui nous absorbe entièrement, dites-vous, qui usurpe à elle seule tous nos moments et tous nos discours, et voilà que vous me forcez malgré moi à vous fournir de nouvelles armes en remettant sur le tapis un sujet fastidieux qui vous ennuie.

— Nous écoutons, nous écoutons, s'écrièrent à la fois tous les convives.

—Oui, mais à deux conditions, dit malicieusement Mme de Limbourg. La première, c'est que M. de Loweinstein variera un peu son thème et qu'il ne commencera pas son récit par l'éternel *figurez-vous que*, figure fort agréable sans doute, mais dont il a le talent d'abuser, ainsi que la plupart de MM. les chasseurs ses confrères; la seconde, c'est qu'il ne mentira que tout juste assez pour ne pas détrôner M. de Crac, dont il connaît un peu trop bien le rôle. »

Un rire bruyant et approbateur appuya la motion de la comtesse.

« *Vous ne vous figurez pas*, débuta alors le narrateur, en appuyant avec intention sur une variante qui redoubla l'hilarité de la société entière; vous ne vous figurez pas quelle est de toutes les espèces de chasse celle que j'aime de prédilection, celle que je place au-dessus de toutes les autres. Les uns adorent la chasse royale française, c'est-à-dire la chasse à cor et à cris, avec un grand appareil d'hommes, de chiens et de chevaux; et par le fait c'est un admirable spectacle que celui d'un beau débûcher en plaine, alors qu'un noble cerf, fatigué de battre le fort, confie aux champs sa fuite incertaine. D'autres préfèrent la chasse au faucon, ce passe-temps favori de nos ancêtres, et de ce nombre est le primat de M...., qui ne peut plus chasser à courre depuis que son ventre s'est arrondi comme son diocèse. Enfin il en est d'aucuns, comme lord Hollis, qui ne voient rien de comparable au fatigant plaisir de forcer un renard, et qui se casseraient volontiers le cou pour avoir l'honneur d'assister dans le Westmoreland à tous les incidents d'un *steeple-chase*. Mais pour moi, qui ne suis ni prince du sang, ni baronnet, pas même évêque *in partibus*, j'ai des goûts moins dispendieux et plus modestes.

« Je me soucie fort peu d'entretenir à grands frais une meute ruineuse qui finisse par faire de moi un second Actéon dévoré par ses chiens; je ne tiens pas davantage à mettre à contribution tous les terriers du Brabant, pour importer chez moi une demi-douzaine de renardeaux galeux; encore moins

à héberger par an deux grands coquins de paresseux uniquement destinés à me dénicher des faucons *niais* pour mon *vol*; à moins toutefois que
l'une de vous, mesdames, madame la comtesse, par
exemple, montée sur Sahra, sa blanche haquenée,
ne consente, un lanier au poing, à devenir ma noble châtelaine. Mon plaisir à moi, en fait de chasse,
ou pour mieux dire ma passion, ma folie, puisqu'il
est d'usage que chacun ait la sienne, c'est.... Devinez.

— La chasse au marais? dit l'un.

— Allons donc! encore un passe-temps ingénieux
que celui-là, fit ironiquement Loweinstein. De
l'eau jusqu'à la ceinture, pas d'autre abri pour
vous garantir d'un soleil brûlant que quelques méchants roseaux, ni plus ni moins que le dieu du
fleuve Alphée; des rhumatismes aigus pour le restant de vos jours; parfois une bonne tourbière
dont la surface encroûtée s'entr'ouvre et vous engloutit tout vivant comme une sarcelle qui plonge;
et tout cela pourquoi? pour un maigre gibier qui
n'a ni fumet ni saveur, qui sent toujours le poisson
ou la bourbe.

— Alors la chasse en battue ou celle au chien
d'arrêt? dit un autre.

— Vous n'y êtes pas, répondit le jeune officier;
et fredonnant entre ses dents certain refrain dont
on accompagne en France un jeu bien connu de

l'enfance, il mit sur la voie le docteur Martineau qui se fit à l'instant l'écho de sa pensée en répétant machinalement :

> Il court, il court, le furet,
> Le furet des bois, mesdames, etc.

— Ah! c'est la chasse au furet! c'est la chasse au furet! dirent alors deux ou trois voix.

— Oui, messieurs, reprit Loweinstein. Dussiez-vous tous vous railler de moi, j'avoue hautement que c'est là un de mes faibles. Je suis fou de la chasse au furet, et il n'est pas d'homme au monde aussi heureux que moi lorsqu'on me propose une expédition de ce genre. Là, point d'embarras, point d'attirail superflu qui vous fatigue. Avez-vous connaissance d'un bon terrier aux sentiers tout tracés, aux avenues frayées par de nombreux habitants? la nuit, le jour, à l'heure que vous voulez, vous venez mettre le siége devant la place. Silence seulement! car de même qu'un habile capitaine qui s'apprête à surprendre un fort, il faut agir ici avec précaution et mystère. Rien ne bouge, rien ne remue encore dans la ville endormie et souterraine.... Votre furet part en éclaireur. Comme un mineur prudent, il s'engage et glisse sans bruit sous les voûtes sombres de ces routes tortueuses; et vous, pendant ce temps, le cœur vous bat : immobile, l'œil aux aguets, l'o-

reille attentive, vous attendez avec anxiété que le
signal de l'action vous parvienne. Cinq minutes s'é-
coulent ainsi ; cinq minutes d'une émotion toujours
croissante et nouvelle. Tout à coup un grondement
sourd retentit.... Écoutez, écoutez : sous vos pieds
on dirait un volcan qui couve. Plus de doute, l'a-
larme est partout ; surpris dans ses derniers retran-
chements, l'ennemi court, se croise, se heurte, se
précipite aux portes ; c'est alors que vous donnez,
vous, impatient comme une réserve de troupes fraîches, et que, foudroyant les fuyards sous un feu de
mousqueterie bien nourri, vous en faites un impitoyable massacre.

— Bravo ! dit à mi-voix le baron de Spilaw, pendant que Frédéric reprenait haleine, voilà, si je ne
me trompe, un jeune homme qui rédigerait merveilleusement un bulletin de bataille.

— Depuis que je suis à Baden, continua notre
chasseur, je n'ai eu que bien peu d'occasions de satisfaire ma passion favorite. Le grand-duc a beaucoup de gibier, mais par malheur il en est cent fois
plus jaloux que ne l'était Bartholo de Rosine ; aussi
en étais-je ces jours-ci à me rappeler avec regret
mon bon temps d'autrefois, alors que simple page à
Potsdam, j'abrégeais mes heures de faction en m'a-
musant dans le parc à fureter les lapins de notre
bon roi Guillaume, quand un honnête braconnier de
ce pays, dont j'ai fait dernièrement la connaissance,

est venu me proposer une partie que je n'ai eu garde de refuser, comme bien vous pensez.

« A deux lieues d'ici environ, en tirant un peu sur Carlsruhe, est l'antique abbaye d'Everfeld, située au pied d'une forêt, dans une contrée giboyeuse et bien gardée. C'est là que m'a offert de me conduire mon guide, à une condition expresse toutefois, c'est que je ne confierais à personne le but de notre excursion, et que nous la ferions seuls, la nuit, à la faveur du premier clair de lune.

— Et vous avez accepté? interrompit Mme de Limbourg d'un ton de reproche. Oh! voilà bien vos folies! vous exposer ainsi avec un individu que vous connaissez à peine! un voleur, un assassin peut-être.... c'est vraiment d'une imprudence!

— Que vous blâmeriez bien plus, ajouta Lowcinstein en payant d'un regard le tendre intérêt de sa voisine, si vous connaissiez seulement la tournure de mon homme. Imaginez-vous un gaillard de cinq pieds six pouces, au regard fauve, aux formes d'athlète; une espèce de sacripant, ne craignant ni Dieu ni diable, marchant toujours armé jusqu'aux dents, qui brûlerait une amorce sur son prochain avec la même gaieté de cœur que sur un lièvre, et vous n'aurez qu'une idée fort imparfaite d'Horatio Schemnitz, mon honorable ami; du reste, un excellent compagnon, à cela près, esclave de sa parole, plein d'honneur et de loyauté comme un bandit de la Corse, et incapable de toucher un cheveu de la tête à quiconque le laisse en paix exercer sa petite industrie.

— Mais cet homme n'a pas mis les pieds ici, je l'espère bien? demanda avec effroi la comtesse.

— Hier au soir, à onze heures précises, dit Frédéric, la lune était dans tout son éclat, et justement je relisais *les Brigands*, ce chef-d'œuvre de Schiller, notre inimitable poëte, lorsque la gracieuse figure du drôle m'est apparue sur le seuil de ma porte. Mais cette fois, sans doute par courtoisie pour vous, mesdames, il n'avait sur lui aucune arme : tout son bagage consistait en un grand sac de toile, une trentaine de bourses à lapins et les deux meilleurs furets qui aient jamais, un jour de marché, approvisionné le marché de Baden.

« En un instant nous fûmes à cheval; moi, mon fusil dans mes fontes, lui, ses ustensiles suspendus à l'arçon de sa selle; et nous piquâmes intrépidement des deux hors la ville, par des chemins de traverse horribles, tantôt montant des collines à pic, tantôt descendant des ravins profonds, et voyant fuir devant nous, comme le Chasseur-Noir de Burger, les arbres, les monts et les vallées. Il y avait déjà longtemps que nous courions ainsi, lorsque arrivés sur le revers d'un coteau qu'ombrageait un immense bois de sapins, une ceinture de hautes murailles, derrière lesquelles s'élevait un vaste monastère en ruines, m'annonça le terme de notre voyage. L'aspect de ces lieux était si sauvage et si étrange, que je regardai Horatio à deux fois, pour voir si je ne retrouverais pas en lui le signalement de Schubry lui-même.

— Croyez-vous aux revenants? me demanda brusquement mon guide en abritant nos chevaux sous le toit délabré d'une procure vide.

— Comme vous aux lièvres sorciers, lui répondis-je.

— En ce cas, suivez-moi, reprit-il ; et, se frayant un passage à travers les ronces qui encombraient la cour, il se dirigea vers un grand bâtiment que je reconnus, à la nef, pour l'ancienne chapelle du monastère.

— Ah! çà, où diable me conduisez-vous, mon brave? lui dis-je alors avec quelque surprise ; je croyais qu'il n'y avait qu'aux jours de Saint-Hubert qu'un chasseur dût entendre la messe ! Cette église est fort curieuse à voir sans doute, ainsi éclairée du haut de ces arceaux gothiques ; voilà des niches de saints fort belles ; voilà un autel bien conservé ; je crois même voir encore debout, si je ne me trompe, un certain nombre de stalles vides de moines ; mais que venons-nous faire ici, et quel office allons-nous y célébrer?

— L'office des morts, répliqua Schemnitz. Et, poussant du pied une porte vermoulue cachée derrière le chœur, il m'introduisit sans plus de façon dans le cimetière de l'abbaye.

« Vous avez tous vu *Robert le Diable*, n'est-ce pas? vous vous rappelez la décoration du quatrième acte, alors que Bertram évoque les ombres des religieuses :

> Nonnes, qui reposez, etc.

Eh bien! c'était juste cela, moins la magnifique partition de Meyerbeer : une multitude de tombes aux inscriptions effacées; de larges dalles de pierre à moitié ensevelies sous l'herbe; toute une génération dormant en paix dans cet asile; ruines d'un jour, perdues parmi les ruines d'un siècle!

« J'étais absorbé. La mystérieuse clarté de la lune, l'ombre projetée par deux ou trois cyprès qui balançaient au vent leurs maigres squelettes, tandis que la chouette, semblable au voyageur égaré, jetait au loin son cri plaintif, le calme de la nuit, la solitude imposante du lieu, tout cela m'avait plongé dans une espèce d'extase fantastique, et j'étais tellement loin d'Horatio par la pensée, que je ne m'aperçus de son absence qu'en le voyant tout à coup reparaître à mes côtés.

— Êtes-vous prêt? me dit-il; les voilà tous rentrés.

« Je lui fis répéter sa question.— *Tous rentrés!* Et de qui parlez-vous?

— Eh! morbleu! des lapins qui étaient aux ga-
gnages.

— Comment! repris-je stupéfait, est-ce que ce serait là, par hasard, notre rendez-vous de chasse?

— Le renard s'inquiète peu de l'endroit où sa
proie fait son gîte, me répondit-il. Voilà nombre
d'années qu'il a plu à ces messieurs d'élire leur domicile ici, sans que personne osât les en chasser,
tant la superstition de ce pauvre monde est grande;
et comme le site est sec, tranquille, bien abrité,
avoisiné au nord par de jeunes taillis, au midi par
des plaines fertiles, ils y ont bientôt pullulé par cen-
taines. Voyez, voyez, quelle belle garenne! ajouta-
t-il en faisant quelques pas; Son Altesse elle-même
n'en a pas d'aussi bien pourvue.

« En effet, tout ce cimetière n'était qu'un immense
terrier; des sentiers nombreux et frayés s'y croi-
saient en tous sens comme les rues d'une cité bien
peuplée. Chaque pierre tumulaire n'offrait plus
qu'une foule d'ouvertures béantes; et le sol, creusé
de toutes parts, retentissait sous nos pas comme un
terrain entièrement miné.

— Tant pis pour les imbéciles qui ont de sots préjugés! continua mon homme. Les lapins sont-ils
moins bons ici parce qu'ils dorment sur les os d'un
frocard? au contraire, ils sont plus dodus, plus gras,
étant moins souvent tourmentés; et cela est si vrai
que les bons bourgeois de Baden et de Carlsruhe,

dont pas un ne sait d'où ils viennent, fort heureusement pour moi, conviennent eux-mêmes qu'ils ont
plus de fumet que tous les lapins du duché.

— Ainsi, c'est là votre domaine? dis-je à Horatio.

— Dites mon garde-manger, reprit-il; car voilà
dix ans au moins que je me suis créé là un petit
revenu annuel qui me nourrit, moi, ma femme et
mes enfants. Tantôt je furète un moine, tantôt j'en
furète deux; c'est suivant l'occasion et le besoin.
Aujourd'hui, si vous voulez, ce sera le tour du
prieur; il y a longtemps que je ne l'ai rançonné
celui-là, et le gaillard n'est pas un des moins gour-
mands, à en juger par ce que tient son ventre.

« Disant cela, il me mena près d'une tombe isolée
qui me parut encore plus habitée que les autres, et
bouchant aussitôt chaque trou avec les bourses dont
il s'était muni, il ne laissa que deux ou trois gueules
libres.

« Jusque-là, je l'avoue, l'étrangeté du spectacle et
du lieu avaient un peu refroidi ma passion, mais ces
préparatifs la ranimèrent malgré moi; et les deux
furets n'étaient pas encore lancés, que déjà mon
fusil en main et les deux pieds sur la pierre du prieur,
je ne songeais plus qu'à bien défendre mon poste.

« L'action s'engagea chaudement, mais avec un
choc inusité qui ne ressemblait à rien de ce que
j'avais entendu jusqu'alors : c'était quelque chose
d'effrayant et d'horrible qu'il est impossible de ren-

dre. Tantôt un mélange confus de sons bizarres, une espèce de cliquetis d'ossements humains; puis tout à coup un bruit sourd et mat comme la dernière pelletée de terre qu'on jette en signe d'adieu sur un cercueil. . . . .

— Et vous eûtes le courage de tirer? interrompit l'une de ces dames.

— Assez maladroitement d'abord, dit Loweinstein; mais bientôt, ma première émotion passée, je redevins maître de moi comme un soldat qui se fait au feu; et quand après avoir visité plusieurs autres terriers, l'aube naissante nous avertit qu'il était prudent de faire retraite, nous comptions en tout quatre-vingt-deux pièces, Horatio et moi: trente-deux morts pour ma part, et cinquante prisonniers pour la sienne. Voilà, madame, ajouta le chasseur en s'adressant à la comtesse, voilà, puisque vous désirez le savoir, l'histoire de ma nuit entière. Qu'en pensez-vous?

— Dame, c'est amusant, dit celle-ci; c'est bizarre; mais vous me permettrez d'en revenir à ma première opinion; c'est une véritable folie; je dirai plus, il y a là dedans une certaine forfanterie, une prétention à braver toute croyance et tout respect humain, qui m'affligent sincèrement pour vous. Savez-vous bien, monsieur, que c'est une profanation, un véritable sacrilége, que de violer ainsi la paix des tombeaux; et si toutes ces ombres, dont vous avez troublé le repos, venaient un jour à troubler le vôtre?

— Ah! oui, la statue de pierre du Commandeur et le festin de don Juan, dit Frédéric en éclatant de rire. Des spectres, des fantômes! je ne m'attendais pas à celle-là; mais ce qui me rassure un peu, c'est que ces messieurs auraient fort à faire, car, enfin, sur vingt personnes qui sont à table ici, demandez plutôt à Spackmann, il n'y en a pas quatre qui ne soient devenues mes complices.

— Et comment cela? dit chacun en s'interrogeant avec anxiété du regard.

— En mangeant de ce sauté de lapins auquel vous avez tous fait honneur! s'écria Loweinstein dont le doigt désignait un plat vide; et quittant aussitôt sa place pour échapper à l'indignation stomachique de quelques convives dont le cœur se soulevait de dégoût et d'horreur, il disparut de la salle emportant avec lui les malédictions d'une grande partie de l'assemblée. · · · · · · · · · · · · · · · ·

· ·

— Si nous nous vengions, proposa le docteur Martineau, lorsqu'une fois Frédéric fut sorti, si, en revanche de la mauvaise plaisanterie qu'on nous fait avaler là....

— Et que j'aurai bien de la peine à digérer, murmura piteusement le baron de Spilaw.

— Nous imaginions quelque bon tour qui nous

apprêtât aussi, nous, à rire aux dépens de notre homme?

« — Oui, oui, c'est cela, vengeons-nous! » dirent avec un instinct féminin toutes les dames; et à l'instant même on entra en délibération afin de se consulter sur le genre de mystification dont on userait pour représailles.

L'idée qui se présentait le plus naturellement, comme on le présume, c'était de faire peur à Loweinstein, ou du moins de mettre à l'épreuve une bravoure qu'on disait infaillible. On s'y arrêta donc sur-le-champ, et l'on convint à l'unanimité, sans plus ample discussion, que l'on consacrerait à une scène de revenants une partie de la nuit prochaine. Ce qui contribua surtout à l'adoption spontanée de ce plan, ce fut sa facilité d'exécution due à une révélation importante de Spackmann, qui voulut, sans doute, racheter par là la part de complicité que Frédéric lui avait attribuée. Grâce au vieil intendant, qui connaissait mieux que personne les êtres du logis, on sut que l'appartement occupé au rez-de-chaussée par le jeune officier, juste au-dessus des anciennes cuisines de l'hôtel, avait autrefois servi d'office; que dans l'un des angles du parquet existait une trappe condamnée, communiquant à un escalier dérobé par lequel, pour plus de célérité, se faisait jadis le service; que, par conséquent, rien n'était plus aisé, avec cette simple connaissance des lieux,

que de s'introduire à toute heure de nuit dans cette
pièce.

Les principales dispositions arrêtées, lord Hollis
se chargea de la distribution des rôles et des costumes, ainsi que des préparatifs nécessaires. Il in-
specta lui-même les localités, profitant d'un moment d'absence de Loweinstein; et comme il savait
que ce dernier ne se couchait jamais sans armes, il
fit comme dans plus d'une affaire d'honneur où l'on
s'arrange souvent pour qu'il n'y ait que bruit et fumée : il prit toutes les précautions utiles pour éviter
un accident fâcheux, sans cependant rien changer
aux apparences, afin de ne pas donner de soupçons
à son ami.

A onze heures et demie, heure fixée pour le rendez-vous, chacun était à son poste dans l'hôtel de
l'*Aigle-Noir*, et, chose rare dans une conspiration si
nombreuse, personne n'avait trahi un secret dont
dépendait tout le succès de l'entreprise.

Venait d'abord le docteur Martineau, risiblement
affublé d'un grand drap qui l'enveloppait de la tête
aux pieds comme un linceul.

Puis un second, puis un troisième fantôme.

Mais ce qu'il y avait de plus effrayant au milieu
de cette longue procession de spectres, c'était sans
contredit un grand moine de l'ordre des pénitents
blancs, qui roulait sous son capuchon des yeux
flamboyants et terribles.

Arrivé dans la pièce située au-dessous du théâtre de l'action, le cortége lugubre s'arrêta dans le plus grand silence : les dames se rangèrent en cercle au pied de l'escalier pour ne pas perdre un mot de la scène, et au coup de minuit, les bougies éteintes, et leur lumière remplacée par celle d'étoupes de chanvre imbibées d'eau-de-vie et de gros sel, on commença à soulever tout doucement la trappe dont Loweinstein ignorait l'existence.

Il y avait deux bonnes heures au moins que celui-ci dormait profondément, oubliant dans les douceurs du repos les fatigues de la nuit précédente.

Tout à coup un cauchemar affreux pesa sur sa poitrine oppressée : il lui semblait qu'une voix sépulcrale l'appelait par son nom en même temps qu'une sombre clarté dissipait l'obscurité de sa chambre....

Il se réveilla en sursaut, attribuant d'abord son agitation à un rêve : mais quelle ne fut pas sa surprise quand, ses rideaux entr'ouverts, il se trouva face à face avec une horrible vision.

Ce n'était point l'hallucination d'un rêve : l'appartement était réellement éclairé par une lueur blafarde et livide, et, à quelques pas de son lit, se dressait un épouvantable spectre qui prononçait distinctement ces mots :

« Loweinstein ! Loweinstein ! profanateur des tombeaux, prie pour ton âme !... »

Frédéric était brave, il se leva sur son séant, suivant des yeux le fantôme devant lequel, à son grand étonnement, sa porte s'ouvrit d'elle-même ; mais il n'avait pas eu le temps de la réflexion, qu'une autre apparition s'éleva insensiblement de dessous terre, traversa la pièce à pas lents, et s'arrêtant à la même place que l'autre, répéta de nouveau d'un ton funèbre :

« Loweinstein ! Loweinstein! profanateur des tombeaux, prie pour ton âme!... »

A cet avertissement réitéré, qui lui rappelait malgré lui sa visite au cimetière d'Everfeld, Frédéric commença à douter de lui-même. Une sueur froide glaça tous ses membres, et ses cheveux se dressèrent d'épouvante sans qu'il lui fût possible de maîtriser sa frayeur : horrible moment de vertige, où les idées se heurtent et s'entre-choquent, où le sang reflue rapidement vers le cœur, et contre lequel lutte en vain l'organisation la plus forte.

Et cependant la vision continuait ; au second spectre en succédait un troisième, mais cette fois sous une autre forme.

C'était au tour du grand diable de moine.

« Arrière ! homme ou démon ! s'écria convulsivement Loweinstein, en saisissant, à l'aspect du pénitent blanc, une paire de pistolets qu'il était sûr d'avoir chargés lui-même ; arrière!... » Et comme le moine avançait toujours, il lui lâcha les deux coups ensemble.

Invulnérable, le fantôme fit un pas ; puis, jetan dédaigneusement deux balles sur le lit du jeune homme, il allait, pour la troisième fois, recommencer l'apostrophe fatale....

Quand un cri affreux retentit, un cri déchirant, un cri qui pour sortir brise une poitrine : Frédéric de Loweinstein était mort, et lord Hollis (car le pénitent blanc c'était lui) ne pressait plus qu'un cadavre que les soins impuissants du docteur Martineau essayèrent en vain de rappeler à la vie.

UNE CHASSE AU PHOQUE

DANS LA BAIE DE LA SOMME.

UNE CHASSE AU PHOQUE

DANS LA BAIE DE LA SOMME.

Au mois d'août 185., il m'advint une bonne fortune que je me gardai bien de laisser échapper. En ce monde, les bonnes fortunes sont rares, et à moins d'être un fat, on les compte. Je fus chargé, du fond de l'Égypte, par S. A. le prince Halim-pacha, d'une mission de confiance, que je pris à cœur de bien remplir : il s'agissait de la recherche et de l'acquisition d'une petite remonte, destinée à chasser le sanglier dans les environs d'Alexandrie et du Caire.

Le climat du pays, qui, là-bas, fait en peu de temps un chien plus que discret du chien le plus bavard ici, la nature même du terrain, qui exige des sujets légers et robustes, fixèrent sans hésiter mon choix sur le grand briquet d'Artois, espèce que j'apprécie par excellence parmi nos races françaises, surtout depuis que quelques amateurs du pays, jaloux de joindre le pied à la gorge, ont infusé dans ses veines quelques gouttes de sang anglais, tout juste ce qu'il en faut pour augmenter un peu la vitesse, sans nuire, par contre-coup, à la musique.

Je ne suis pas né musicien, tant s'en faut; et, bien qu'à l'école militaire de la Flèche, où s'est écoulée ma première jeunesse, mon excellente mère, qui va rire malgré elle à ce souvenir de mon enfance, m'eût gracieusement octroyé, à ma demande, un professeur, oserai-je dire de quoi? ah! ma foi, oui, tant pis, point de fausse honte, un professeur de *clarinette*.... ressource toute trouvée, du reste, dans le cas où je me serais vu un jour, par le fait d'un tireur maladroit, forcé d'échanger mon fusil et mon chien d'arrêt contre une sébile et un caniche; je n'ai jamais pu, mais jamais, au grand jamais, distinguer un *ré* d'un *ut*, même à l'époque de mes plus grands progrès, c'est-à-dire alors que je jouais couramment, de mémoire, le fameux *Où peut-on être mieux*, etc., air connu, que je me dispenserai de répéter ici, et pour cause.

Mais, en revanche, si elle m'a refusé l'instinct musical, la marâtre! la nature m'en a dédommagé en me concédant quelques autres qualités : j'ai la prétention, plus ou moins fondée, par exemple, d'avoir ce que l'on appelle de l'oreille, avantage qui m'a donné l'outrecuidance de risquer, par-ci par-là,

quelques fanfares, que j'ai eu soin, aussitôt la note
trouvée, de faire écrire par des gens du métier ; et,
une fois que je suis en pleine forêt, appuyant la
meute que vient de découpler le piqueur, il n'est
rien de comparable, suivant moi, même parmi les
plus magnifiques créations des maîtres, à ce concert
brillant, harmonieux, qu'entame tout à coup un
orchestre de vingt voix puissantes, bien ensemble,
parmi lesquelles vous distinguez aussi nettement
que dans un chœur du *Freyschutz*, basses, barytons
et ténors, et qui redisent, aux échos sonores des
grands bois, au milieu de ces rochers véritables, de
ces ravins profonds, de ces forêts séculaires, que ne
rendra jamais l'art des Cambon et des Philastre,
toutes les phases et toutes les péripéties de la chasse.

Aussi, en fait de meute, voici ma profession de
foi, je la formule bien haut à qui veut l'entendre :
en dépit des qualités incontestables qui le distin-
guent, usons le moins possible du chien anglais, ce
muet tout au plus bon pour le sérail, avec sa voix
de châtré, son soprano en fausset, son petit siffle-
ment aigu qui m'irrite les nerfs, et vivent les chiens
français, c'est-à-dire les chiens qui parlent, que je
comprends rien qu'à leur langage, et qui, comme
un orateur éloquent, me communiquent tout de
suite, par la chaleur du débit, l'accentuation de la
phrase, toute la passion qui les domine, toutes les
émotions qu'ils ressentent.

C'est la Picardie, ou si nous voulons circonscrire un peu, tout le bassin qui forme les deux départements du Pas-de-Calais et de la Somme, qui est, à proprement parler, le pays classique du briquet d'Artois. C'est dans ce coin privilégié, au milieu de villages perdus, éloignés de toute espèce de communication, mais toujours placés à proximité de quelques grands bois[1], que certains amateurs, qui trouvent dans cette industrie spéciale une branche de commerce assez productive, surtout depuis que l'impôt a restreint le nombre des concurrents, se livrent à l'élève du chien courant, au moyen de lices et d'étalons de premier choix, parmi lesquels, comme nous l'avons dit plus haut, il y a déjà un mélange de sang anglais assez sensible.

Je savais cela par cœur depuis longtemps, puisque c'est de ce pays que je tire, moi-même, tous les ans, pour mon usage personnel, les quelques

1. Voici quel est le motif de cette situation topographique : les paysans picards qui s'occupent du commerce des chiens, n'ont pour les dresser, quand ils sont jeunes, qu'une seule ressource. Ne pouvant les faire chasser le jour, ils les exercent la nuit, et pour ce, les lâchent tout bonnement, quand ils supposent les gardes couchés, dans les bois situés à proximité de leurs villages. La meute attaque là ce qu'elle peut, lièvre ou lapin, renard ou chevreuil, et après une heure ou deux de menée, le professeur, qui est resté à un carrefour voisin, sans même avoir, comme feu Carabi, la satisfaction de voir *ses chiens courir*, requête un à un ses élèves, en en abandonnant de temps à autre quelques-uns qui ne reviennent qu'au jour au logis, ce qui en fait plus tard d'excellents chiens de retraite.

chiens avec lesquels je chasse le daim et le
lièvre ; mais, comme je désirais m'acquitter avec
conscience du mandat qui m'était confié, je résolus,
cette fois, de ne pas m'en rapporter à mes fournis-
seurs habituels, et d'aller en personne, dussé-je
battre toute la contrée, étape par étape, à la recherche des quinze plus beaux chiens qu'il me serait
possible d'appareiller, coûte que coûte.

Ce fut le 5 août que je me mis en route par le
chemin de fer du Nord, ayant huit jours devant moi
à dépenser en promenades, et le soir même je descendais à Abbeville, que j'avais choisi tout d'abord
pour le quartier général de mes opérations. Il y a un
hasard merveilleux, pourquoi ne pas dire tout de
suite providentiel, qui vient à point servir certaines
gens ; je suis assez favorisé par le sort, et, par conséquent, du petit nombre de ces heureux. Je n'avais
pas déposé mes bagages à l'hôtel, qu'à l'angle d'une
rue que je tournais pour entrer au café voisin, un
intime à moi, auquel je ne songeais nullement, ma
foi, je le confesse à ma honte, un de ces cœurs d'or
comme on n'en rencontre nulle part, joyeux compagnon, excellent ami, me tomba tout à coup dans
les bras du haut des nues : c'était le vétérinaire en
premier du 8e dragons, Félix Villiot, un brave garçon
que vous ne connaissez pas, mais qu'à coup sûr vous
vous féliciteriez de connaître. C'est, entre nous soit
dit, il ne me lira pas, et je ne ferai pas conséquem-

ment rougir sa modestie, le meilleur camarade que
l'on puisse voir. « Vous ici, me dit-il, vous à Abbeville, au milieu du 8ᵉ dragons, et vous descendez à
l'hôtel ; vous n'êtes pas venu tout droit frapper à la
porte d'un ami ? » Il n'avait pas fini sa phrase que,
sur un signe, son planton avait été reprendre mes
effets au *Bœuf Couronné*, et que, bon gré mal gré,
j'étais déjà installé dans son domicile, que dis-je,
dans sa propre chambre.

Une demi-heure après je dinais avec une douzaine
de convives, Villiot compris, à la table d'hôte où se
réunissent d'habitude MM. les officiers du 8ᵉ dragons, et où je fus, de la part de chacun d'eux, l'objet de la réception la plus aimable. Si vous connaissez la vie de garnison, vous savez comment on doit
se comporter à table ; je m'y comportai décemment,
il faut croire, car lorsque nous nous séparâmes, sur
les onze heures du soir, les camarades et moi, il était
convenu entre nous tous, avec le lieutenant Mure,
avec le lieutenant Goujon, un chasseur émérite
toujours suivi ou précédé de son épagneul, avec le
collègue en second de Villiot, Landrin, n'oublions
pas le lieutenant Amilca, un franc luron, celui-là,
que l'on peut citer comme le modèle du vrai troupier, l'adjudant Boussain, gai buveur, qui sait par
cœur tout le répertoire du Caveau moderne, et bien
d'autres dont je me rappelle l'accueil cordial, sans
avoir retenu leurs noms, il était convenu, dis-je,

que pendant tout le temps de mon séjour à Abbeville, je n'aurais pas d'autre cantine que la leur, et
que régulièrement deux fois par jour, à dix heures
le matin et à cinq heures le soir, un couvert de plus
attendrait son nouveau convive.

Je n'entrerai point ici dans le détail de toutes mes
pérégrinations lointaines, de mes courses d'Abbeville à Doullens, petite ville située dans un bas-fond
en entonnoir et qui n'a de remarquable que la cita-
delle qui la domine ; je vous ferai grâce également
de mes excursions de Doullens à Sainte-Marguerite,
de Sainte-Marguerite à Pas-en-Artois, de Pas-en-
Artois à Lucheux où j'ai visité en passant les ruines
fort pittoresques d'un vieux château moyen âge, appartenant à M. le duc de Luynes. Qu'il vous suffise
de savoir que réunir quinze chiens, de même race,
de même pied, de même couleur, n'est pas une
mince besogne, et qu'il ne m'a pas fallu sacrifier
moins de quatre grands jours à battre du matin au
soir, assez rudement cahoté dans un mauvais til-
bury, tous les chemins de traverse de plus de vingt
communes, pour arriver à ce résultat dont j'eusse
complétement désespéré un moment, sans mon aimable compagnon de voyage.

Que de remercîments ne dois-je pas au colonel
Bruno, qui avait bien voulu, à ma demande, permettre à mon ami Villiot de m'accompagner dans
mes excursions à travers champs. Il est indubi-

table que, sans lui, j'eusse dès le premier jour re-
noncé, de guerre lasse, à mes recherches, et personne ne pouvait, pour me piloter dans ces parages
inconnus, m'être plus agréable à la fois et plus
utile. Fatiguer deux chevaux par jour, en faisant
d'un village à l'autre près de cinquante à soixante
kilomètres, le tout pour aller voir, sur renseignements incomplets, ici, deux chiens chez un bourre-
lier-sellier ; là-bas, une lice chez des ouvriers tan-
neurs ; se contenter en route de la maigre pitance
d'auberges désertes, où ne descendent même plus
les voituriers depuis que les chemins de fer ont sup-
primé le roulage ; je vous assure que pour un homme
qui ne dédaigne pas le confortable (il y a longtemps
que mes lecteurs habituels connaissent à cet égard
ma manière de pratiquer), un pareil métier n'a
rien de bien séduisant, et que Son Altesse le prince
Haim, dont je m'étais fait en cette circonstance le
très-humble piqueur, serait un veneur bien ingrat,
si les quinze chiens que je lui ai trouvés ne me valaient pas de sa part un peu de reconnaissance.

Enfin toute peine mérite salaire, comme on dit ;
aussi en rentrant à Abbeville parmi mes amis du
8ᵉ dragons, la Providence, pour prix de tous mes la-
beurs, me ménageait-elle une bonne aubaine. La Picardie ne produit pas que de bons chiens ; elle a un
autre avantage, c'est d'être un pays de chasse exceptionnel, d'où ses forêts d'un côté, et ses marais de

l'autre, font un théâtre à part qu'affectionnent et cultivent maints fervents disciples du joyeux saint Hubert. J'en pourrais citer bon nombre qui ont l'honneur de compter parmi ses plus fidèles : M. Demotte de Feuquières, près Valines, propriétaire d'un équipage des plus remarquables comme tenue; M. Amédée du Maisniel, d'Abbeville, M. le vicomte Paul de Férolles, dont l'excellente meute pour lièvre et chevreuil fait merveille dans la forêt de Crécy; mais à quoi bon passer en revue toutes les notabilités cynégétiques du pays ? Pour moi, qui connais de longue date les unes et les autres, et qui les apprécie comme elles le méritent, j'aime avant tout, en fait de chasse comme en toute chose, les types à part, les exceptions qui me présentent une étude nouvelle, et ce fut encore mon ami Villiot qui, pour me rendre ma bonne humeur, un peu altérée par quatre grandes journées de fatigue, se chargea de me procurer cette heureuse rencontre.

« Vous avez beaucoup chassé, et, par conséquent, beaucoup vu, me dit-il en m'abordant le soir au café où j'allais le rejoindre lui et les autres officiers.

« Eh! bien, quoique vous ayez mis dans vos projets de retourner demain à Paris, si vous voulez nous accorder deux jours de plus, je m'engage à vous faire faire une chasse que vous ne connaissez pas encore, et que votre journal lui-même, cette encyclopédie universelle, n'a, je vous le parie, jamais soupçonnée ni décrite. »

Ma curiosité fut piquée au vif, l'amour-propre s'en mêla.

« Je reste, lui répondis-je, mais à une condition, c'est que, comme vous me l'affirmez, la partie sera nouvelle pour moi.

— Avez-vous peur de la mer?

— Une seule fois, je me suis embarqué au Havre avec M. de Tournion de Graville, pour aller à marée haute, et par un froid de dix degrés, tirer des canards à l'embouchure de la Seine. La mer était très-forte, j'ai vu des lignes compactes d'oiseaux qui, bercés sur les flots, m'apparaissaient de loin comme des épaves flottantes roulées par la vague; j'ai tiré deux cygnes d'un blanc de neige qui nous passaient hors de portée, le cou tendu, effleurant l'élément humide de leurs longues ailes; je suis rentré, ne rapportant rien qu'un enrouement qui m'a dispensé de chanter une fanfare le soir, et voilà tout.

— Alors j'ai gagné mon procès, et nous aurons le plaisir de vous posséder encore quarante-huit heures ici?

— Comment cela?

— Vous viendrez demain matin déjeuner chez Monsieur; — ce disant il me présentait un étranger de bonne mine qui s'inclina, et auquel je rendis poliment son salut, — puis, le lendemain, vous irez en mer chasser le phoque, et vous raconterez plus tard à vos amis ce que ni vous ni eux n'avez certainement jamais vu. »

Il n'y avait plus moyen de reculer. L'amphitryon, à la tête duquel Villiot me jetait ainsi sans plus de façons, avait une de ces physionomies ouvertes et sympathiques qui vous reviennent tout de suite.

« Le nom de monsieur? demandai-je en souriant.

— M. T..., receveur des contributions à Noyelles.

— Comptez sur moi, monsieur, c'est avec plaisir que j'accepte.... »

Le lendemain, j'étais sur pied dès huit heures, et à neuf, par une route magnifique qui longe les prairies de la Somme dont elle n'est séparée que par le chemin de fer d'Abbeville à Boulogne, nous arrivions à destination.

Noyelles est un petit village coquet, bâti à huit ou dix kilomètres au plus de la ville, et célèbre par ses marais où se font chaque année, en bonne saison, des hécatombes de canards et de bécassines, auxquelles le locataire actuel, Adrien Odier, l'un de nos anciens sociétaires de la chasse de Saint-Germain, a eu l'amabilité de me convier souvent.

J'aurais bien dû me rendre à ses instances, ne fût-ce que pour prendre ma revanche des poules qu'il m'a tuées dans le temps, le flibustier; mais le temps m'a manqué comme il me manque encore pour répondre à bien d'autres appels.

M. T..., qui est un homme du monde, dans toute l'acception du mot, et qui s'est fait fonctionnaire public, parce que, avant tout, il faut avoir une occupation quelconque, ne possède à Noyelles qu'une espèce de pied à terre dont il a fait le siége officiel de sa recette, et qui, simple bureau de perception, encombré de registres et de paperasses, se transforme à l'occasion en une élégante villa destinée à recevoir quelques amis.

Nous étions ce jour-là six à sept convives de belle humeur, le lieutenant Mure, l'adjudant Boussain, Villiot, Landrin, un M. Labitte que je voyais pour la première fois, le maître de la maison, puis votre très-humble serviteur, un gaillard de bon appétit.

Le repas fut gai et bien servi; chaque plat fut copieusement arrosé par les vins des meilleurs crus, car il est à remarquer que c'est toujours dans le pays où le sol ne convient pas à la vigne, qu'on s'entend le mieux à cultiver le luxe de la cave. Au dessert vint le tour de la romance. Je ne vous dirai pas toutes celles que j'ai chantées; ce dont je me souviens c'est qu'elles eurent de l'écho et que quelques-unes sont restées au fond de nos bouteilles. Nous les y laisserons, si vous le permettez, enfermées comme le *Diable boiteux*, jusqu'à ce qu'un bachelier en goguette vienne à son tour en briser le verre.

Tout en buvant, chantant, mangeant, j'avais observé M. Labitte qui, je dois le dire à sa louange, s'acquittait de toutes ces fonctions diverses non moins gaillardement que moi, et, bien que nous n'eussions échangé ensemble que peu de paroles, rien qu'à l'encolure et à l'écorce j'avais flairé en lui un vrai chasseur.

Je ne fus donc pas étonné le moins du monde quand il vint me prendre bras dessus, bras dessous, au sortir de table, comme une vieille connaissance, et me dit en faisant un tour dans le jardin.

« Eh bien ! vous venez donc chasser avec moi, vous et le lieutenant Mure.

— Et où cela ? lui dis-je.

— Au Crotoy, où nous partons dans vingt minutes. On attelle. Seulement vous vous contenterez de la fortune du pot. Ne vous attendez pas à trois services comme chez ce Lucullus de T.... Je suis un pêcheur-chasseur et *vice versa*, tout bonnement. A cette époque de l'année je passe trois mois au Crotoy avec ma femme et mes deux enfants, occupant un logement de trois pièces au rez-de-chaussée, sur la plage. J'ai la mer devant moi, les dunes de Saint-Quentin sur ma droite, la côte de Saint-Valery sur ma gauche, et dix mètres à parcourir de ma porte à ma barque quand la marée me dit qu'il est temps de partir.

— Et vous chassez le phoque, m'a-t-on dit? En tuez-vous beaucoup?

— Vous le verrez aux peaux qui tapissent ma salle à manger. Depuis tantôt cinq semaines, je suis à mon cinquième. Mais du fretin, par exemple, des bêtes de soixante à quatre-vingts livres. Ah! si *Lala* m'avait écouté l'autre jour?...

— Comment *Lala?*... Qui donc?...

— Ah! oui, j'oublie que je parle à un novice, en fait de chasse au phoque du moins. *Lala*, c'est *Nicolas*, un ex-brigadier de la douane avec lequel vous ferez connaissance ce soir, un malin chasseur, allez! et le plus habile pilote qu'ait jamais vu le détroit de la Manche. Mais faites vos préparatifs de départ, embrassez vos amis. Quand on s'embarque on ne sait jamais si l'on doit se revoir.... J'entends le fouet de notre automédon qui claque, dans cinq minutes nous allons partir. »

Nos préparatifs n'étaient pas plus longs à faire que nos adieux. Nous n'avions, le lieutenant Mure et moi, ni armes, ni munitions, ni bagages. On ne s'inquiète pas de si peu pour une absence de vingt-quatre heures, et d'ailleurs nous avions été obligeamment prévenus que, chez M. Labitte, l'hospitalité était complète et, qu'après nous avoir hébergés, il se chargeait encore de nous équiper de pied en cap.

« Bonjour, Villiot! bonjour, Landrin! Amitiés aux amis et nos respects à ces dames! »

Et pendant que les uns reprenaient au galop la direction d'Abbeville, disputant à travers les volailles et les chiens de Noyelles, un vrai steeple-chase de vitesse, nous serrions la main à notre amphitryon, M. T..., que nous abandonnâmes sans vergogne au milieu d'un vrai champ de bataille de verres et de bouteilles vides....

De Noyelles au Crotoy il n'y a qu'un pas, et la distance serait bientôt franchie, si l'on n'était obligé de faire un énorme détour pour éviter la vallée de la Somme, dont un embranchement de chemin de fer aura sous peu réuni les deux rives. La jetée gigantesque qui est déjà construite en partie et que l'on doit traverser d'un bout à l'autre, présentera un magnifique coup d'œil aux voyageurs. Ils pourront, sans trop d'illusion, surtout en y passant à marée haute, se figurer voguer en pleine mer, et n'auront certainement pas besoin d'aller chercher leur bain plus loin si par hasard ils déraillent. Mais cette construction me paraît une innovation tellement hardie que, pour mon compte, j'aurai soin, quand il en sera temps, d'en laisser l'inauguration à d'autres.

Il était cinq heures du soir à peine, quand nous arrivâmes dans ce petit port de mer, qui n'a dû être primitivement qu'une simple plage habitée par quelques pêcheurs. Il était défendu jadis par un ancien môle que dominait un vieux château fort, dont il ne reste plus que quelques pans de murailles, construites avec un ciment tellement bien fait qu'il est impossible d'en briser aujourd'hui les fragments informes, même à coups de marteau ou de hache. La tradition rapporte que c'est entre ces murs de pierre que l'on enferma Jeanne la Pucelle, peu de temps après qu'elle fut tombée au pouvoir des Anglais. Ces messieurs, qui ont été de tout temps d'excellents geôliers, à ce qu'il paraît, ne devaient pas, derrière de tels remparts, redouter une évasion à coup sûr impossible.

Depuis deux ou trois ans le Crotoy a bien changé de physionomie et d'aspect, comme du reste tous les petits ports du littoral qu'a envahis la famille toujours croissante des amateurs de bains de mer, et que la mode a successivement transformés en établissements de plus ou moins d'importance. Ici, c'est un célèbre industriel de Paris, M. Guerlain, le parfumeur de la rue de la Paix, dont la baguette magique a opéré le prodige. Il a bâti là, comme par enchantement, tout un casino merveilleux, qui vaut, à coup sûr, comme élégance et confort, ceux du Havre et de Dieppe. Une pareille création a dû lui coûter des sommes folles. Mais qu'est-ce que cela prouve? que Paris renferme bien des coquettes, et que les ressources inventées par Guerlain pour la toilette de ces dames, sont d'un assez bon revenu pour lui permettre d'agir en aussi grand seigneur.

Nous descendîmes, le lieutenant et moi, chez
M. Labitte, qui nous présenta d'abord sa femme et
ses enfants, et nous introduisit ensuite dans sa salle
à manger, véritable arsenal, meublé non-seulement
des armes et instruments nécessaires à sa chasse
favorite, mais des dépouilles encore toutes fraîches
des phoques, ses dernières victimes, clouées symétriquement sur la muraille.

J'allais, à peine à table, l'interroger sur la nature
de l'animal.

« J'aurais à ce sujet tant de choses à vous dire,
me répondit-il, que nous n'en finirions pas, si une
fois j'entamais ce chapitre. Les chasseurs ne soup-
çonnent pas plus les émotions d'une chasse au
phoque que les naturalistes, à commencer par le
plus grand de tous, ne sont d'accord sur son histoire.
Cependant, comme M. de Buffon est une autorité
respectable, après tout, consultez-le. Je vous don-
nerai ce soir son troisième volume des quadrupèdes.
Vous lirez l'article entier du phoque en vous couchant, et puis demain, en pleine mer, en attendant
que j'écrive là-dessus le livre que j'ai dans ma tête,
nous essayerons de le commenter ensemble. Pour
l'instant, allons voir mon voisin Lala. Ah! par
exemple, celui-là en sait aussi long que moi si, par
hasard, il n'en sait pas davantage. »

Le patron Lala était sur le seuil de sa maison,
fumant tranquillement sa pipe. C'est un homme de

taille ordinaire, à l'œil énergique, au teint bronzé,
qui parle peu, mais qui écoute parler les autres,
bon signe. La présence du lieutenant Mure, qui
était en petite tenue, lui persuada de prime abord
que j'étais aussi au service. Décoré, portant mous-
tache, sans favoris, avec un col de satin noir uni,
une redingote plastronnée jusqu'en haut et serrée
à la taille, j'ai effectivement, sous l'habit bourgeois,
une certaine tournure de troupier que ma première
éducation militaire m'a laissée, et Lala, sans plus de
façon, m'entendant appeler mon camarade lieutenant, me décerna, lui, le grade de capitaine.

Passe pour capitaine. J'ai des anciens camarades
de la Flèche qui sont aujourd'hui généraux ; je ne
vois pas pourquoi je ne serais pas capitaine, l'ambition n'est pas déraisonnable.

Nous arrêtâmes ensemble tous les détails de notre
expédition, que la coopération de deux officiers de
dragons ne pouvait manquer, suivant Lala, de rendre
heureuse ; et comme il fallait profiter du flot qui, la
nuit suivante, donnait pleine mer à deux heures du
matin, il fut convenu que, n'ayant pas grand temps
à dormir, puisqu'il fallait nous éveiller à une heure
au plus tard, nous gagnerions immédiatement l'au-
berge où nous avions retenu nos lits, sans faire plus
longue cérémonie.

Nous rentrâmes un instant chez M. Labitte pour
y prendre nos costumes de chasse, qui consistaient

en une simple chemise de laine rouge avec pantalon pareil, un chapeau de calfat goudronné, point de bas ni de chaussures, luxe inutile, le tout orné d'une magnifique vareuse brune, destinée à nous préserver au départ de la première fraîcheur de la brise.

L'accoutrement était d'une couleur tellement locale, que nous ne résistâmes pas, une fois seuls, le lieutenant et moi, à en faire l'essai réciproque, et qu'au bout de dix minutes, sans nous être consultés ni l'un ni l'autre, nous nous accostions tous les deux en grande tenue. Je ne puis dire au juste quelle était ma physionomie, les chambres que nous occupions étant complétement dépourvues de glaces; mais à l'effet que me produisit Mure en entrant, et aux éclats de rire qu'il fit de son côté à mon aspect, je puis dire hardiment que jamais vieux loups de mer n'ont eu physionomie plus farouche que les nôtres.

J'ai même peur aujourd'hui de n'être pas brave; car, sur ma parole, je n'aurais pas voulu me rencontrer face à face avec Mure, sur le pont d'un corsaire, au milieu d'une scène d'abordage. Quelle figure !

Voilà six mois que la scène s'est passée. Chaque fois que j'en évoque le souvenir, je ris encore malgré moi de la *touche* du lieutenant, qui doit en faire autant de son côté, quand, par hasard, il songe à la mienne.

J'allais éteindre ma bougie, lorsqu'un livre placé sur ma table de nuit fixa mon attention. C'était le volume promis par M. Labitte et qu'il avait eu soin de faire monter dans ma chambre. Je l'ouvris à l'endroit où un signet m'indiquait le chapitre du phoque. Comme tout le monde n'a pas la collection volumineuse des œuvres du célèbre écrivain de Montbard, ce qui est une lacune pourtant dans une bibliothèque de chasseur, et que, d'un autre côté, celui qui possède l'ouvrage ne se donnerait probablement pas la peine d'aller chercher le volume, je ne vois pas d'inconvénient à transcrire ici mot à mot tout ce passage. Ceux qui n'ont pas l'haleine longue et qui préfèrent un style court et concis aux phrases redondantes et fleuries, au verbiage diffus d'un immortel, auront soin de bien respirer avant d'entamer la première tirade. Ceux que n'amusera pas la citation passeront :

« En général, dit M. de Buffon, les phoques ont la tête comme l'homme, le museau large comme la loutre, les yeux grands et placés haut, peu ou point d'oreilles externes, seulement deux trous auditifs aux côtés de la tête, des moustaches autour de la gueule, des dents assez semblables à celles du loup, la langue fourchue ou plutôt échancrée à la pointe, le cou bien dessiné; le corps, les mains et les pieds couverts d'un poil court et assez rude, point de bras, ni d'avant-bras apparents; mais deux mains

ou plutôt deux membranes, deux peaux renfermant
cinq doigts et terminés par cinq ongles ; deux pieds
sans jambes tout pareils aux mains, seulement plus
larges et tournés en arrière comme pour se réunir
à une queue très-courte qu'ils accompagnent des
deux côtés ; le corps allongé comme celui d'un
poisson, mais renflé vers la poitrine, étroit à la
partie du ventre, sans hanches, sans croupe et sans
cuisses au dehors ; animal d'autant plus étrange qu'il
paraît fictif et qu'il est le modèle sur lequel l'imagination des poëtes enfanta les tritons, les sirènes et
ces dieux de la mer, à tête humaine, à corps de quadrupède, à queue de poisson ; et le phoque règne en
effet dans cet empire muet, par sa voix, par sa figure,
par son intelligence, par les facultés, en un mot,
qui lui sont communes avec les habitants de la terre,
si supérieures à celles des poissons, qu'il semble
être non-seulement d'un autre ordre, mais d'un
monde différent ; aussi cet amphibie, quoique d'une
nature éloignée de celle de nos animaux domes-
tiques, ne laisse pas d'être susceptible d'une sorte
d'éducation ; on le nourrit en le tenant souvent
dans l'eau, on lui apprend à saluer de la tête
et de la voix ; il s'accoutume à celle de son
maître, il vient lorsqu'il s'entend appeler et
donne plusieurs autres signes d'intelligence et de
docilité.

« Les femelles mettent bas en hiver ; elles font

leurs petits à terre sur un banc de sable, sur un rocher ou dans une petite île et à quelque distance du
continent; elles se tiennent assises pour les allaiter,
et les nourrissent ainsi pendant douze ou quinze
jours dans l'endroit où ils sont nés; après quoi la
mère emmène ses petits avec elle à la mer, où elle
leur apprend à nager et à chercher à vivre; elle les
prend sur son dos lorsqu'ils sont fatigués. Comme
chaque portée n'est que de deux ou trois, ses soins
ne sont pas fort partagés et leur éducation est bientôt
achevée : d'ailleurs ces animaux ont naturellement
assez d'intelligence et beaucoup de sentiment; ils
s'entendent, ils s'entr'aident et se secourent mutuel-
lement; les petits reconnaissent leur mère au milieu
d'une troupe nombreuse; ils entendent sa voix, et
dès qu'elle les appelle, ils arrivent à elle sans se
tromper.

« Nous ignorons combien de temps dure la gestation; mais à en juger par celui de l'accroissement, par la durée de la vie et aussi par la grandeur
de l'animal, il paraît que ce temps doit être de plusieurs mois, et l'accroissement étant de quelques
années, la durée de la vie doit être assez longue; je
suis même très-porté à croire que ces animaux vivent beaucoup plus de temps qu'on n'a pu l'observer,
peut-être cent ans et davantage : car on sait que les
cétacés, en général, vivent bien plus longtemps que
les animaux quadrupèdes, et comme le phoque fait

une nuance entre les uns et les autres, il doit participer de la nature des premiers et, par conséquent, vivre plus que les derniers.

« On tire rarement le phoque avec des armes à feu, parce qu'ils ne meurent pas tout de suite, même d'une balle dans la tête ; ils se jettent à la mer et sont perdus pour le chasseur : mais comme l'on peut les approcher de près lorsqu'ils sont endormis, ou même quand ils sont éloignés de la mer, parce qu'ils ne peuvent fuir que très-lentement, on les assomme à coups de bâton et de perche ; ils sont très-durs et très-vivaces : « Ils ne meurent pas faci-
« lement, dit un témoin oculaire ; car, quoiqu'ils
« soient mortellement blessés, qu'ils perdent presque
« tout leur sang et qu'ils soient même écorchés, ils
« ne laissent pas de vivre encore, et c'est quelque
« chose d'affreux que de les voir se rouler dans leur
« sang. C'est ce que nous observâmes à l'égard de
« celui que nous tuâmes et qui avait huit pieds de
« long ; car, après l'avoir écorché et dépouillé même
« de la plus grande partie de sa graisse, cependant
« et malgré tous les coups qu'on lui avait donnés sur
« la tête et sur le museau, il ne laissait pas de vouloir
« mordre encore ; il saisit même une demi-pique
« qu'on lui présenta, avec presque autant de vigueur
« que s'il n'eût point été blessé ; nous lui enfon-
« çâmes après cela une demi-pique en travers du
« cœur et du foie, d'où il sortit encore autant de

« sang que d'un jeune bœuf. » (*Recueil des Voyages du Nord*, tome II.)

Si le lecteur s'est endormi comme je l'ai fait moi-même, avant d'arriver à la fin du chapitre, ma foi tant pis pour lui; car voilà qu'il est une heure du matin, le vent fraîchit, la marée monte, et le moment d'embarquer approche.... Réveillons-nous donc ensemble, mon maître, à l'appel réitéré du patron Lala qui crie *au perdu* sous nos fenêtres.... Il s'agit de démarrer du port les premiers, avant que les barques des pêcheurs qui s'apprêtent à sortir, aient pris le large, et il n'y a pas une minute à perdre.

En deux bonds je suis hors du lit; je secoue le lieutenant Mure, qui ronfle, c'est le cas de le dire, comme un véritable marsouin, et cinq minutes après, la toilette n'est ni longue ni difficile, nous voilà tous les deux, en tenue de combat, installés chez M. Labitte, autour d'une vaste soupe à l'oignon, dont je commence, en homme de précaution, par m'administrer coup sur coup deux assiettes.

« Allons, allons, tout le monde sur le pont ! » nous crie du bout du jardin une voix amie.

Je m'empare du panier aux provisions; c'est toujours par là que l'homme prévoyant commence. Le lieutenant prend une partie des munitions et des armes, et, précédés par M. Labitte, dont le costume, en harmonie avec les nôtres, est encore rehaussé par tout un arsenal de lances et de piques à harponner des baleines, nous voilà descendant, pieds nus, sur la plage, en entonnant le fameux air de *la Muette*, que chantait si bien Nourrit :

> Amis, la matinée est belle,
> Sur le rivage assemblez-vous :
> Montez gaîment votre nacelle,
> Et des vents bravez le courroux....

La nuit était magnifique : pas un souffle de vent, un ciel tout parsemé d'étoiles ; et, à l'horizon, le disque argenté de la lune, projetant sa clarté mystérieuse sur la surface phosphorescente des flots.

Vous êtes-vous jamais embarqué à pareille heure, non pas dans un port maritime dont le commerce et l'industrie font à chaque instant de la nuit et du jour un bazar agité, bruyant, où n'a pas le temps de se recueillir la pensée ; non pas au milieu d'un bassin encombré où s'entre-choquent cent navires, grinçant sur leurs chaînes, où, pendant que d'un côté la vapeur chauffe en sifflant, se confond de l'autre le tohu bohu de vingt commandements, hurlés à la fois en vingt idiomes divers ; mais bien, dans quelque coin ignoré, sur une plage isolée et déserte comme celle du Crotoy, par exemple, ce nid d'alcyons si calme et si paisible que nous nous apprêtions alors à quitter?

Quel aspect différent, quel autre sentiment de poésie ! Il n'y avait là, sur le point de partir, qu'une

douzaine de barques de pêcheurs y compris la
nôtre.... chacune d'elles, montée par trois ou quatre
hommes au plus, allait prendre la mer pour explorer
pendant toute une semaine les meilleurs parages de
pêche du détroit, absolument comme le chasseur
qui sait par cœur tous les bons cantons de la plaine.
Mais la pêche en mer ne ressemble pas à la chasse
en terre ferme. Une fois sortis du port, même sous
les auspices les plus favorables, que d'époux n'ont
plus revu leurs femmes, que de pères n'ont plus
embrassé leurs enfants, de fils leur vieille mère, de
jeunes garçons leur fiancée! Aussi, voyez-les tous ;
pas un ne manque sur la rive à cet instant suprême
et solennel.... ils savent que les flots sont changeants,
et pendant que, plongée dans l'ombre du môle qui
l'abrite, dort indifférente toute la population bourgeoise du Crotoy, s'élève, dans ce petit groupe isolé,
du fond de ce golfe paisible, tout un concert mélancolique de voix, qui, pendant que les uns dressent
la mâture et que les autres hissent leurs voiles,
vous remplit malgré vous, comme un hymne pieux
qui monte vers le ciel, d'un vague sentiment de
tristesse !

Cependant l'ancre a été déposée dans notre barque :
déjà siége au gouvernail le père Étienne, un pilote
non moins expérimenté que Lala, vieux triton qui
m'a promis d'opérer mon sauvetage, moi qui nage
en vrai chien de plomb, dussions-nous sombrer à

trois lieues du port. Les vivres n'ont pas été oubliés, le vin non plus, précaution indispensable pour ceux qui n'aiment pas l'eau salée. Les armes toutes chargées sont prudemment placées à fond de cale avec une lunette d'approche.

Tous ces préparatifs ont pris du temps. Il est deux heures, la marée est pleine; on retire la planche qui nous a servi de pont.

Embarque! Embarque!

Nous n'avions pas fait vingt brasses après avoir glissé comme une couleuvre à travers toute la petite flottille prête à mettre à la voile, que tout à coup et comme s'ils s'étaient donné le mot, le père Étienne et Lala, dont j'étais loin de soupçonner le talent comme chanteurs, nous saluaient à pleins poumons de la complainte suivante, psalmodiée sur un ton nasillard et traînant que je regrette de ne pouvoir vous rendre.

> Avez-vous fait vot' testament?
>   La vie est un rêve!
> Mais c'est un rêve trop souvent
>   Bien décevant.
>
> S'il n'est pas fait c'est peu prudent :
>   Depuis madame Ève,
> Qu'est l'existence? un accident,
>   Un coup de vent.
>
> Bien traître est l'humide élément;
>   Mieux vaut la grève!

Son flot vous berce mollement
  Pour un moment.

Mais, hélas! dormeur confiant,
  Courte est la trêve!
Et le réveil, gouffre béant,
  C'est le néant!

Allons! le meilleur testament!
  D'un trait s'achève!
Dieu prenne l'âme et nous l'argent,
  Le tout comptant!

On conviendra que cet adieu à la terre ferme au milieu du silence solennel de la nuit, calme plat que n'interrompait que le bruit des vagues déferlant sur les galets de la plage, et le souffle de la brise matinale se jouant dans nos trois aunes de toile, n'était pas des plus rassurants, surtout pour des marins d'eau douce; — je ne parle ici que de moi qui n'ai jamais navigué ailleurs que sur le bassin compris entre Asnières et Saint-Denis, et je réserve tous les droits que peut avoir le lieutenant Mure, mon compagnon de voyage, à faire partie du futur *Yacht-Club*, que compte, dit-on, créer la capitale.

Le temps était chaud, point essentiel pour des gens vêtus à la légère comme nous l'étions: l'eau de la mer, dans laquelle je plongeai la main, me parut plus tiède encore que ne l'est dans cette saison celle de la Seine, ce qui diminuait d'autant à mes yeux la somme des sensations désagréables dans le cas où j'aurais un bain à prendre, et, pendant que derrière nous, au couchant, s'effaçait dans l'ombre la côte en amphithéâtre du Crotoy enveloppée de sombres vapeurs, au levant se dessinait, comme une ligne de feu, tout un horizon splendide, illuminé de ces premières clartés qui précèdent *l'aurore aux doigts de rose.*

Ne plaisantons pas: je n'avais jamais encore assisté à un lever de soleil en pleine mer et j'avoue qu'il est impossible de contempler un plus magnifique spectacle. Ces transitions de nuances irisées dont le ciel se colore, ces gradations de lumière qui, de minute en minute, deviennent plus étincelantes et plus vives jusqu'au moment, pour ainsi dire soudain, où s'élance du sein de l'onde, comme une gerbe de feu, l'astre du jour lui-même, ce véritable dieu tout resplendissant d'or et de pourpre, font un tableau à part qu'il faut avoir vu de ses yeux, et que les toiles de tous les Isabey et les Gudin n'ont pas plus le don de rendre que les strophes les plus harmonieuses du poëte.

Le soleil était à peine levé qu'une scène d'un autre genre vint fixer mes regards et concentrer toute mon attention, fournissant ainsi une heureuse distraction à certain malaise étrange dont je ne m'expliquais pas bien la cause, mais qui commençait à me travailler sourdement, quelque effort que je fisse pour le combattre et le vaincre: c'était l'in-

nombrable famille des oiseaux de mer qui, à peine
les ténèbres dissipées, saluent le retour de la lumière
de ces cris discordants et plaintifs qu'on entend au
loin comme le sifflet du contre-maître au milieu
d'une manœuvre, et que j'apercevais alors passer
à plus ou moins grande distance, les uns quittant
les bancs de sable où ils font leur nuit pour se diriger vers la côte, les autres abandonnant la côte pour
aller à leur tour au large pourvoir à leur subsistance.
Je reconnus et vis successivement circuler ainsi sous
mes yeux, mais hors de portée, la macreuse au noir
manteau, l'hirondelle de mer au blanc corsage,
l'huîtrier, qu'on prendrait de loin pour une pie privée de sa queue, le grand goëland à plastron gris,
l'avocette et le courlis, ces échassiers au long bec,
écumeurs parasites des grèves silencieuses et désertes. J'avais pris un des fusils de M. Labitte qui,
n'aspirant qu'au phoque, lui, dédaignait tout ce
menu gibier ; mais, obligé de me tenir debout, afin
de saisir, entre deux vagues, une occasion de tirer
favorable, je n'en fus que plus vite victime de ces
effets du roulis auquel un novice ne peut se dispenser de payer son tribut ; mes tempes se comprimèrent
comme dans un étau, un frisson général me parcourut de la plante des pieds à la tête, et je sentis
tout à coup l'estomac, qui est solide cependant,
luttant de plus en plus faiblement contre cette influence irrésistible du mal de mer, puissance tyran-

nique, implacable, qui ne tolère même pas deux maigres assiettes de soupe. J'étais vert.

Lala, qui m'étudiait sans en avoir l'air, s'aperçut le premier de cette situation critique, à laquelle ne participait aucun de nous, ni le lieutenant, ni M. Labitte.

« Eh bien, me dit-il, est-ce que ça ne va pas, capitaine ? le cœur nous danserait-il déjà ? Qu'est-ce que ce sera, saint Nicolas, mon patron ! quand nous allons franchir la barre ! »

Il n'y avait pas de lutte possible, je désarmai mon fusil, dont je n'aurais pu faire usage, quand même me serait apparu à longueur du canon le grand albatros du pôle arctique ; je m'agenouillai rapidement à fond de cale, et m'accoudant la tête entre les deux mains sur le bord de la barque, je donnai un libre cours.... aux tristes pensées que je ne pouvais plus contenir.

Heureusement que l'un des caractères de cette maladie bizarre est de disparaître aussi promptement qu'elle arrive. L'estomac n'est pas plutôt soulagé qu'on n'y pense plus jusqu'à ce que survienne une nouvelle crise.

« Si je vous chantais le *Renard*, m'écriai-je en riant, il me semble que ce serait ici ou jamais le cas de sonner sa fanfare ; et, joignant l'exemple à la parole, j'en entonnai résolûment les deux ou trois premiers couplets.

— Ah ! qu'il est bon, le capitaine, disait Lala en
se frottant les mains d'un air de jubilation, qu'il est
donc bon ! il y en a d'aucuns de ces poules mouil-
lées, qui n'ont pas plutôt le cœur embarbouillé
qu'ils ne sont plus propres à rien, et qu'ils ne de-
mandent qu'une chose, c'est qu'on les jette aux mar-
souins, ni plus ni moins qu'un vieux paquet de linge
sale. Mais parlez-moi du capitaine, à la bonne heure,
lieutenant, en voilà un homme ! Un haut-le-cœur,
une nausée ou deux, ça passe comme une lettre à la
poste, puis, le voilà aussi gaillard qu'avant, riant,
chantant, *blaguant* les autres et prêt à recommencer
la partie. »

Il ne se trompait pas en disant prêt à recommencer ; car, depuis un moment, nous venions
d'entrer dans la barre, c'est-à-dire dans la partie
du détroit où le courant de la Somme, absorbé
par le flot de l'Océan, soutient un instant une lutte
par trop inégale. Tant qu'on n'a pas franchi ce
passage difficile où deux forces opposées et con-
traires se combattent, semblable à une chétive coquille de noix battue par la tempête, votre frêle
embarcation tantôt s'élève à vingt pieds comme
suspendue sur la cime des vagues, tantôt se précipite rapidement comme engloutie au fond de
l'abîme. C'est un véritable jeu d'escarpolette auprès duquel tous ceux des Champs-Élysées un jour
de fête officielle, même les navires aériens qui cul-

butent au sommet de la roue, ne sont qu'une simple balançoire.

Je m'exécutai donc une seconde fois, puis une troisième, et, n'ayant plus rien à rendre, je commençai sérieusement à craindre que mon estomac vide ne finît par s'en aller lui-même, quand un incident tout palpitant d'intérêt vint, une fois cette maudite barre franchie, faire une diversion salutaire à mes souffrances.

Comme j'essuyais la sueur dont mes violents efforts avaient inondé mon visage, — c'est à ce point que l'on est malade, — j'aperçus MM. Labitte et Lala, braquant attentivement leur lunette d'approche sur certains points noirs qu'il me semblait apercevoir à l'œil nu, je n'aurais su dire au juste si c'était en pleine mer ou sur un banc de sable.

« Ils sont neuf, se disaient-ils entre eux, et la position pour les surprendre est favorable.

— Comment neuf? ces points noirs que j'aperçois là-bas, tout là-bas, seraient des phoques?

— Sans aucun doute, capitaine, nous allons aborder dans un instant. Attention à la manœuvre, c'est ici qu'il va falloir jouer des jambes. »

Notez bien qu'alors nous étions en pleine mer, distinguant tout au plus les côtes, et que le banc de sable sur lequel étaient nos soi-disant phoques, ne dessinait à peine hors de l'eau que sa crête humide, formant comme un dos d'âne, sur un espace d'une demi-lieue environ et à une distance qui eût effrayé le plus intrépide artilleur du polygone de Vincennes.

Cependant nous avions fait nos préparatifs d'attaque, et, comme un corsaire qui donne le signal du branle-bas, M. Labitte nous avait distribué nos armes, en passant au lieutenant une carabine à deux coups, à moi un Lefaucheux calibre 16, chargé à balles et à chevrotines, et se réservant pour lui-même son fusil de chasse. Au patron Lala, depuis longtemps rompu à toutes les roueries du métier, restait comme arme offensive une espèce de lance à harpon, instrument précieux dont il se sert, dit-on, à l'occasion, avec une merveilleuse adresse.

« Nous touchons, s'écria tout à coup le père Étienne, impossible de faire un pas de plus : il faut descendre ici et gagner le banc à pied. Excusez, messieurs, si le macadam est encore un peu loin. »

Pendant que Lala jetait l'ancre et débarrassait la barque de sa mâture et de sa voile, j'interrogeai d'un œil inquiet le trajet que nous avions à faire pour arriver jusqu'à la terre ferme. Il y avait au moins deux bonnes portées de fusil de notre embarcation au banc, qui se dessinait alors parfaitement bien et sur lequel nous n'apercevions plus nos phoques placés sur le versant opposé et masqués alors par les inégalités du terrain. Je n'ai jamais battu que les bords des étangs de Saint-Quentin ou de Saclay, m'arrêtant prudemment quand l'eau m'arrivait au niveau de mes bottes de marais Delail, aussi j'avoue sans honte que j'éprouvai un moment d'hésitation, sentiment bien naturel du reste chez un homme qui n'a jamais vu d'autre école de natation que les bains Vigier, sur le pont Neuf.

Mais l'indécision ne fut pas longue; en tout, il n'y a que le premier pas qui coûte, et quand je vis notre chef de file, M. Labitte, mettre son fusil en bandoulière, retrousser son pantalon jusqu'au haut des cuisses comme un pêcheur de crevettes, manœuvre que j'exécutai de mon côté, puis enjamber par dessus la barque en nous disant : « Allons, messieurs, suivez-moi, il y en a tout au plus jusqu'à la cheville, » l'instinct chasseur me revint, le mal de mer disparut complétement, et, sans savoir comment, je me trouvai tout à coup dans la mer, emboîtant le pas derrière lui, avec une confiance pas si aveugle toutefois que je ne me fusse au préalable assuré par un coup d'œil rapide des dangers du plongeon à faire. M. Labitte est grand, l'eau lui venant jusqu'au ventre, je calculai que moi, qui suis petit, j'en aurais jusqu'à la ceinture. Le bain pris justifia mes prévisions, et comme il était plus que tiède, réchauffé par les premiers rayons du soleil levant, la transition n'eut rien de bien pénible.

Le lieutenant m'avait précédé avec une résolution bien plus héroïque que la mienne, et nous mar-

chions tous trois à la *queue leu leu*, comme on dit,
ne nous écartant pas d'une semelle, Mure et moi,
du sillage tracé par notre guide qui, tout au fait qu'il
était lui-même de ces parages, n'était pas toujours
dans la bonne route.

Heureusement que le patron Lala, resté dans la
barque, d'où il surveillait notre marche, tout en
s'assurant par lui-même que rien ne bougerait à
bord pendant que nous pousserions notre reconnaissance, savait à propos rectifier ses écarts.

« A gauche donc, à gauche, lui criait-il de toute
la force de ses poumons.... Vous savez bien qu'à
droite c'est le chenal et qu'il y a là douze pieds d'eau
au moins.... Si vous savez nager, le capitaine et le
lieutenant n'ont pas même de ceintures de sauvetage. »

Avec de pareilles allocutions, renouvelées deux ou
trois fois pendant notre trajet, j'aspirais, je ne le
dissimule pas, à toucher enfin la terre ferme, et je
ne fus pas médiocrement satisfait, quand je quittai
le rôle de dieu marin pour reprendre celui de simple
mortel.

Une fois sur le banc de sable où nous eut bientôt
rejoints notre pilote, laissant la garde de l'embarcation et des provisions à son ancien, le père Étienne,
nous eûmes bien vite arrêté notre plan d'attaque,
qui était fort simple.

L'ennemi, que nous supposions dormant tran-

quillement au soleil, sur la foi des traités, devait
être campé sur le versant opposé. On ne pouvait le
voir du lieu de notre débarquement, mais il existe
en regard des falaises de Saint-Quentin une pente
déclive où les courants ont formé comme autant de
petits ruisseaux que la mer laisse successivement à
sec, et c'est sur cette plage qu'affectionnent les phoques, parce qu'ils y sont tranquilles et que, de cette
espèce de promontoire, d'où ils découvrent à la fois
la mer et la côte, ils n'ont que quelques efforts à
faire pour se laisser glisser à l'eau à la moindre apparence de danger, que nous espérions trouver les
nôtres. Une fois débarqués, sans que ces animaux
vous aient aperçus, en dépit de l'extrême vigilance
avec laquelle ils observent tout,— malheur à la con-
trebande si l'on arrivait jamais à faire un douanier
d'un phoque! — la tactique n'est ni longue, ni difficile; elle consiste tout bonnement à prendre ses
jambes à son cou et à contourner le banc aussi rapidement que le permet cette plage sablonneuse
que vient de quitter la mer et où l'on enfonce à
chaque enjambée jusqu'au dessus de la cheville. Je
m'élançai en avant comme mes trois compagnons,
le corps courbé en deux, afin de mieux dérober
notre marche, le fusil tout armé à la main, et quiconque nous eût vus ainsi arpentant la grève au pas
gymnastique, profitant des moindres inégalités du
sol, haletant, suant, n'en pouvant plus, mais ne

prononçant pas une parole, nous eût pris à coup
sûr pour l'avant-garde d'un poste de tirailleurs poussant une reconnaissance jusque sous le feu de l'ennemi.

Mais, hélas! que de peines prises en pure perte!
la chasse au phoque a ses déceptions comme la
chasse à l'isard dans les Pyrénées, comme l'affût au
cerf ou au daim dans les montagnes de l'Écosse,
comme celle enfin de toute espèce d'animaux méfiants que l'on ne peut attaquer dans les règles, sur
la foi d'une voie de bon temps ou sur la garantie
d'une brisée bien faite. Combien de bancs de sable
vides, grand saint Hubert! je n'ose pas me risquer à dire ici combien de buissons creux. Semblable à une troupe d'isards que le chasseur a
aperçus d'une montagne à l'autre, groupés sur
un roc inaccessible, ou à une harde de cerfs viandant paisiblement sur le flanc abrupte de quelque
bruyère, proie enviée, séduisante, qu'il croit déjà
tenir grâce au prisme trompeur de sa lunette d'approche, une compagnie de phoques se prélassant
au soleil n'est pas toujours d'un abord facile.... et
de même qu'isards et cerfs ont disparu, quand, au
bout d'une heure de marches et contre-marches,
vous croyez les tenir à portée, de même messieurs
les phoques ne se gênent pas le moins du monde,
quand vous croyez tomber sur eux à l'improviste,
après avoir fait deux kilomètres dans l'eau et fourni

en quelques minutes une course à vous fouler la rate, pour vous brûler la politesse et ne vous laisser sur le sable désert que les traces récentes de leur passage.

En vénerie, on nomme *bauge*, *liteau*, *reposée*, suivant les différents animaux dont il est question, la place qu'ils occupent étant couchés; quand on parle du phoque, on dit *laire*, et en comptant ces espèces de gîtes, on se rend exactement compte du nombre du troupeau, de même qu'en examinant chaque empreinte, on sait, à ne pas s'y tromper, quelle est la grosseur et le poids de chaque bête, combien la compagnie compte de vieux ou de jeunes, etc. Le renseignement est encore plus infaillible ici qu'en forêt, car, grâce à ce sable fin et humide dans lequel l'animal se moule en quelque sorte, on peut dire, en se servant de la locution des vieux piqueurs, que *le livre des ânes est ouvert.* C'est un revoir qui remplace avantageusement la neige.

Rien qu'à l'inspection des lieux, nous constatâmes avec M. Labitte, beaucoup plus désappointé pour nous que pour lui de cette déception malheureusement trop fréquente, que notre lunette ne nous avait pas trompés, et que la compagnie se composait bien de neuf phoques : trois gros animaux, des mâles sans doute, quatre moyens et deux beaucoup moins forts que les autres.... En bêtes d'esprit, nos amphibies ne s'étaient pas placés à plus de dix mètres de la mer, dans une pente facile où ils n'avaient qu'à effectuer un simple mouvement de va-et-vient en se soulevant sur les espèces de membranes, rudiments incomplets qui leur tiennent lieu de bras et de jambes, pour opérer à la plus petite alerte une retraite prudente; et malgré toutes les précautions prises, l'habitude qu'ils ont d'être traqués dans ces eaux leur rendant la moindre voile suspecte, il devenait évident qu'à l'aspect de la nôtre, ils s'étaient hâtés de déguerpir.

Quelquefois, en pareil cas, il reste encore une chance au chasseur, mais c'est un espoir fragile : il arrive de temps à autre qu'un phoque ou deux, surpris à terre au moment où ils se livraient sans méfiance au *far niente* d'une sieste au soleil, se laissent glisser dans un bras de mer qui tarit complétement à marée basse, mais qui leur présente encore alors l'apparence trompeuse d'un véritable lac. Cet espace ou détroit sans issue aucune du côté où il touche à la terre ferme, va rejoindre à l'autre extrémité l'Océan, laissant au milieu de son bassin, qui n'est jamais tout à fait sec, une route dont les retardataires profitent plus tard pour sortir de l'impasse; car s'il n'est pas sans exemple que des phoques attardés aient été trouvés dans des criques hermétiquement fermées, c'est du moins un cas excessivement rare.

Quand la chance vous est favorable et qu'on a acquis la certitude, en voyant l'animal s'élever de temps en temps à la surface des flots, qu'un phoque s'est momentanément fourvoyé, les tireurs, s'ils veulent réussir, n'ont qu'un moyen extrême à prendre, c'est d'entrer résolûment eux-mêmes dans le bras de mer et de former entre eux une espèce de chaîne qui barre le passage au fugitif. Mais l'exécution du plan n'est pas sans danger et demande en tous cas une connaissance très-approfondie de la carte sous marine. On conçoit, en effet, que si les deux tireurs formant les extrémités de la chaîne ont pied, il n'en est pas toujours de même pour celui du centre, qui a de l'eau jusque sous les aisselles au moins, et peut, à la moindre déviation de terrain, en avoir jusque par dessus la tête.

Une fois la retraite ainsi cernée, il est bien rare que le phoque imprudent échappe, car chaque minute écoulée ajoute pour lui au danger de la position, en diminuant d'autant le volume d'eau qui lui sert de refuge. Plus il tarde à franchir cette passe fatale occupée par des hommes armés et immobiles, moins il a de chances de salut, et tel est l'instinct de la conservation chez tous les animaux, même chez ceux dont la conformation semble accuser le moins d'intelligence, que souvent le phoque ainsi pris se décide à tout braver, et vient courageusement, nageant entre deux eaux, essayer de forcer le passage.

Mais nous n'eûmes même pas cette consolation ; tous nos amphibies avaient déjà pris le large, et je n'en aperçus qu'un ou deux hors de portée qui jouaient au milieu des flots d'où ils sortaient tout à coup en dressant leur tête hors de l'eau jusqu'à la naissance des épaules, me donnant une idée assez exacte, ma foi! de ces tritons dont parle M. de Buffon, et à l'existence desquels, la mythologie aidant, ces animaux ont pu jadis faire croire. Nous leur envoyâmes de loin quelques balles perdues, puis, comme lorsqu'on s'est embarqué à deux heures du matin et qu'il en est dix, ce qu'on a de mieux à faire c'est de déjeuner, — que la chasse ait bien ou mal tourné, — nous nous dirigeâmes vers la cuisine, c'est-à-dire vers notre barque qui, alors complétement échouée, nous attendait dans un bas-fond près la terre ferme, où la marée montante ne devait nous permettre de la renflouer que sur le midi environ.

Nous y trouvâmes le père Étienne qui avait mis le temps à profit pour explorer du pied toutes les flaques d'eau voisines et y pêcher un assortiment complet de poissons plats tels que plies, carrelets, turbots, limandes, dont il avait nettoyé les plus grands, de la largeur des deux mains à peu près ; il ne restait plus qu'à les tremper dans l'huile et à les saupoudrer après de fleur de farine. Au-dessus d'un feu vif et clair, tel que le prescrit Alexandre Dumas, ce professeur en gastronomie déjà cité, bien autrement fort qu'Éléazar Blaze, chauffait une poêle immense, contenant dans ses flancs noirs une appétissante friture. Des œufs durs, un jambonneau de Reims et des fruits complétaient le reste de ce repas pris en plein air, et je promets à la mère Gaspard, d'Asnières, que si jamais elle trouvait moyen d'échanger son plat fondamental de goujons frits contre celui que nous servit le père Étienne, elle pourrait se flatter d'amasser en peu de temps une assez belle dot à ses filles.

Jamais je n'ai rien mangé de plus délicat et de plus fin que ce plat de turbotins frits, et, ma foi ! vogue la galère ! Laissons de côté messieurs les phoques ; chasse heureuse ou non, rien que cela vaut la peine de se déranger et de tenter le voyage du Crotoy, surtout si vous complétez la recette en l'accompagnant, comme nous le fîmes nous autres, assez piètres buveurs d'eau salée, de quelques bouteilles de vieux bordeaux ou de saint-hubert, cette fine fleur du vin de Champagne.

« Cette nuit, en vous couchant, me dit alors M. Labitte, qui arrosait sa dernière bouchée d'une nouvelle rasade, vous avez consulté mon Buffon, et vous avez lu ce qu'a écrit sur le phoque, sur sa conformation, sur ses habitudes, ses mœurs, l'éloquent historien de la nature. En attendant que nous digérions notre déjeuner, permettez-moi de vous dire

que vous ne savez absolument rien, pas plus que
moi avant de l'avoir chassé, de l'histoire naturelle
de l'un de nos plus curieux amphibies.

« Je ne vous initierai pas ici à toutes les études per-
sonnelles que j'ai faites; un jour ce sera pour moi,
je vous l'ai déjà dit, le sujet intéressant de tout un
livre, et, en attendant, je prends dès aujourd'hui
l'engagement avec vous d'écrire pour votre revue
un article spécial dans des dimensions convena-
bles, qui, accompagné d'un dessin exact, rentrera
tout à fait dans votre cadre. Mais j'en ai plus appris
ici, au Crotoy, dans une seule matinée de chasse, le
fusil à la main, les pieds nus dans l'eau ou dans le
sable, que n'en a jamais su l'illustre M. de Buffon,
méditant ce pâle et froid chapitre dans le silence
de son cabinet, et l'écrivant de sa main blanche,
ornée de manchettes de dentelles.

« Je n'en finirais pas si je voulais vous réfuter une
à une toutes les erreurs scientifiques dont ces cinquante lignes fourmillent. Figurez-vous, pour ne
vous en citer qu'une seule, que l'auteur ne sait
même pas à quelle époque précise de l'année la femelle met bas.... Il prétend que c'est en hiver; eh
bien, moi, je lui prouverai qu'il se trompe, et que
dans la famille des phoques, la gestation n'a pas
d'époque bien fixe, mais s'effectue plutôt au printemps et l'été que dans le cours de la mauvaise saison. Cette année, il y a deux mois à peine, j'ai failli

surprendre une femelle en mal d'enfant. Lorsque je l'ai rencontrée, il y avait très-peu de temps que le travail avait eu lieu; la preuve en était dans l'arrière-faix de la mère, que je trouvai sur la plage, au milieu du *laire* qu'elle venait de quitter, et voyez un peu l'ignorance crasse de certains autres naturalistes; n'en est-il pas qui ont eu l'aplomb incroyable d'écrire que le jeune phoque venait au monde non pas avec son pelage ordinaire, c'est-à-dire son poil lisse et moucheté, mais avec une espèce de livrée, consistant en une bourre épaisse et jaunâtre qu'il ne perdait que plus tard en grandissant? Eh bien, l'arrière-faix que j'ai conservé et et que je vous montrerai en rentrant ce soir, contenait intacte cette même bourre épaisse qui n'est que l'enveloppe du fœtus dans le sein de la mère et dont il se débarrasse avant de naître.

« Voilà, mon cher monsieur, comme on écrit l'histoire, même celle de la nature; et cette négligence est d'autant plus coupable, que là il ne s'agit que d'observer, puisque les enseignements sont à chaque pas.

« Il est vrai, ajouta-t-il avec bonhomie, que toute la vie d'un homme ne suffirait pas parfois pour compléter une seule étude.... et que si celle du phoque est devenue pour moi une spécialité par suite des circonstances fortuites qui m'ont amené à m'en occuper, M. de Buffon a eu un peu plus de besogne,

lui qui a embrassé dans son travail gigantesque toute
la classification innombrable des êtres, à commencer
par l'homme, assemblage bizarre que je défierais
bien de définir exactement, puisque le plus grand
philosophe n'a pas le talent de se définir soi-même.
On peut donc lui pardonner quelques erreurs. Mais
restons-en là pour le moment : dans deux heures la
marée va monter. Allons, en attendant, visiter ensemble les dunes de Saint-Quentin, ces garennes de
sable aussi giboyeuses pour le moins que celles de
Boulogne, et dont vous n'avez peut-être aucune
idée, vous qui avez cependant été pendant quatre
années entières le haut et puissant seigneur des
plus beaux tirés de la couronne. »

Les dunes étaient à peu de distance. Nous nous y
rendîmes en reprenant notre pèlerinage pieds nus,
à travers les inégalités montueuses du terrain qui
ressemble pas mal, quand le sable s'est durci sous
le souffle du vent, à ces ciels pommelés, semés de
nuages ; et là, effectivement, nous attendait, Mure
et moi, un spectacle tout nouveau pour nous. Les
dunes sont tout un vaste espace inculte, accidenté,
semé de monticules sablonneux recouverts çà et là
d'un maigre gazon, végétation rabougrie qui semble
avoir peine à prendre racine. Dans les intervalles,
au fond des gorges, se tamise au gré du vent un
sable fin, tout semé de pas de gibier comme un sol
recouvert de neige. Lala, qui nous avait suivis,

frappa dans ses deux mains, et à l'instant même ce paysage désert s'anima de l'aspect de quinze à vingt lapins courant en tous sens d'une butte à l'autre, et disparaissant soit dans un fourré, soit dans l'orifice de quelque terrier. Nous en vîmes ainsi une centaine en moins d'une heure, et nous en aurions encore levé bien davantage, s'il nous eût été permis de pénétrer dans le couvert qui, garni çà et là de quelques ajoncs épineux, demandait des tiges de bottes et des semelles un peu moins sensibles que les nôtres.

La chasse de ces dunes, où l'on trouve également de la perdrix et du lièvre, ainsi que pas mal de sauvagine, surtout lorsque le vent, par trop violent, force les oiseaux de mer de chercher un abri à la côte, s'afferme, dit-on, un assez bon prix. Mais la nouvelle interprétation de la loi du 3 mai 1844, en ce qui touche le transport du gibier dont la destruction est autorisée en temps prohibé, et notamment celui des lapins, portera un coup funeste à ces locations qui perdront beaucoup de leur prix aux yeux des amateurs, obligés désormais, quittes à se donner une indigestion, de consommer leur gibelotte sur place.

Nous regagnâmes la crête des falaises, où nous nous nous assîmes un instant pour nous reposer, contemplant de loin ce spectacle grandiose et toujours nouveau, la mer; cette sirène à la fois caressante et perfide, qui fait faute au marin dès qu’il a quitté son bord, et qui engloutit chaque année tant de victimes.

« Capitaine, me dit Lala, vous voyez bien cette plage où notre barque, couchée sur le flanc, ressemble pas mal, vue d’ici, à une épave le lendemain d’un naufrage; elle est en ce moment bien calme et bien tranquille; eh bien! figurez-vous qu’un matin, après une nuit de tempête horrible, — rien qu’à y penser, les cheveux m’en dressent encore sur la tête, — nous l’avons vue, moi, le père Étienne et bien d’autres, semée d’autant de cadavres que vous y apercevez de mouettes, spectacle d’autant plus affreux, d’autant plus triste, que ces cadavres étaient pour la plupart ceux de jeunes et jolies filles.

— Que voulez-vous dire? lui demandai-je.

— Vous rappelez-vous un sinistre épouvantable qui a eu lieu, il y a quelques années, dans ces parages entre les côtes de Boulogne et du Crotoy, et dans lequel un navire anglais a péri corps et biens par suite de l’entêtement du capitaine qu’aveuglait un faux point d’honneur, et qui, esclave de son devoir, a préféré sacrifier sa vie, celle de son équipage et de ses passagers, plutôt que de violer sa consigne. Il était chargé de conduire à Botany-Bay, — une petite pépinière d’honnêtes gens que l’Angleterre entretient, à ce qu’il paraît, loin d’ici, —

toute une cargaison de vierges folles. Ça se nomme,
je crois, des déportées.... Il en avait deux cents à
bord ni plus ni moins, et comme c'est un troupeau
assez indiscipliné que celui-là, qu'il ne serait pas
facile de rassembler si une fois il était éparpillé;
l'une des instructions de sa mission consistait en
une interdiction formelle de débarquer nulle part,
quoi qu'il pût survenir en route, avant d'être au
terme de son voyage. Les journaux du temps ont
dû vous raconter cette catastrophe-là un peu ar-
rangée à leur manière. A peine en mer, le navire
fut assailli par un tempête furieuse; il avait le temps
de se réfugier dans le port de Boulogne, mais le
capitaine refusa d'y entrer, il s'obstina à tenir le
large, et bientôt jeté à la côte, il vint se perdre ici,
en vue de ces mêmes falaises, sans qu'au milieu des
éléments déchaînés et de la sombre horreur de cette
nuit terrible, il nous fût possible de porter aucun
secours aux naufragés.

« Le lendemain, au point du jour, nous ramas-
sions ici, au milieu des débris informes du vaisseau,
les corps épars de plus de cent cinquante femmes.
Nous en avons, pour notre part, relevé au moins
vingt-cinq, moi et le père Étienne, que nous avons
transportées à bras jusque dans les charrettes ame-
nées exprès sur le rivage.... Oh! par saint Nicolas
mon patron, les belles créatures du bon Dieu, capitaine; j'en vois encore deux surtout, dont l'une

était à moitié enfouie dans le sable, tenez là-bas, à droite, presque à l'endroit où se trouvait ce matin notre compagnie de phoques. Elles se tenaient étroitement embrassées les malheureuses, deux sœurs peut-être que la peur avait rapprochées au moment du naufrage et que la mort n'avait pu désunir.... La plus jeune était une enfant de quinze ans, tout au plus, d'une beauté à faire pâlir les anges.... Quelle faute avait-elle pu commettre, cette jeunesse, je l'ignore.... mais, à coup sûr, Dieu doit lui avoir pardonné, si j'en juge à l'aspect de ce front calme et pur, encadré de belles boucles blondes ! »

La conversation tournait au triste. Lala, en l'achevant, venait d'essuyer une larme furtive du revers de sa main calleuse. Le lieutenant Mure lui-même me paraissait quelque peu attendri. Je coupai court au récit en me laissant brusquement glisser les pieds en avant sur la pente escarpée de la falaise, absolument comme un gamin qui ne craint pas d'user ses fonds de culotte.... Chacun m'imita sans hésiter, et vingt minutes après nous étions tous remontés dans notre embarcation, que le flot commençait à redresser insensiblement nous annonçant ainsi le retour de la marée.

Il était midi et demi quand nous levâmes l'ancre.... Nous démontâmes en route, sans l'avoir, une macreuse tirée sur l'eau par M. Labitte. J'essayai moi-même, en côtoyant les bancs dont la mer reprenait possession, de faire un coup de fusil ou deux sur des goëlands qui ne me paraissaient pas hors de portée. Mais soit l'oscillation de la barque, soit la distance qu'on ne calcule pas exactement en mer, je ne pus fournir aux pilotes du Crotoy un échantillon palpable de mon adresse. Il y a des jours de guignon en chasse, et apparemment celui-ci en était un, puisque après nous être donné tant de mal, nous étions, au bout de douze heures d'absence, condamnés à rentrer au port bredouilles.

Heureusement que le retour fut moins pénible pour moi que ma première traversée. Est-ce parce que j'avais payé mon tribut le matin, est-ce tout bonnement parce que l'estomac mieux garni était cette fois d'avis de ne rien rendre, je l'ignore ; toujours est-il que je n'éprouvai point le moindre malaise, et que quand nous aperçûmes la jetée du Crotoy, où nous attendait plus d'un visage ami, la lunette d'approche à la main, pour mon compte, tout à fait aguerri, je ne regrettai qu'une chose, c'est qu'en arrivant au port après une pareille excursion, il ne nous fût pas permis de hisser le pavillon vainqueur qu'arbore d'habitude M. Labitte quand il veut annoncer un nouveau triomphe.

Plusieurs barques avaient déjà précédé la nôtre, et l'une d'elles, montée par deux hommes, avait eu, par suite du résultat d'une fausse manœuvre, la maladresse de chavirer à une portée de fusil du rivage. L'extrémité du mât penché sur l'eau, accusait seule comme une bouée de naufrage la place où s'était accompli le sinistre qui n'avait eu d'autre résultat, fort heureusement, qu'un simple bain pris par nos deux pêcheurs. Néanmoins, en ce monde, la moindre circonstance, même la plus insignifiante en apparence, porte son enseignement avec elle, et en passant auprès de la barque submergée qu'on ne pouvait plus remettre à flot qu'à la marée basse, je ne pus m'empêcher de fredonner à mi-voix le chant philosophique qu'avaient entonné nos deux pilotes au départ :

> Avez-vous fait vot' testament ?
> Depuis madame Ève,
> Qu'est l'existence ? un accident :
> Un coup de vent !

Comme je tenais essentiellement à partir le soir même pour Paris, nous avions fait Mure et moi, dès la veille, un arrangement avec un locatis de l'endroit pour nous ramener du Crotoy à Abbeville. Notre automédon était là, tout attelé, faisant claquer son fouet en signe d'impatience, et c'est tout au plus s'il paraissait disposé à nous laisser changer de tenue, le lieutenant et moi. Quel succès, si le soir, à la table d'hôte de MM. les officiers, nous avions pu l'un et l'autre paraître dans ce superbe costume, moi surtout qui, la tête nue toute la journée par la chaleur tropicale du mois d'août dernier, vous vous la rappelez, avais attrapé un magnifique coup de soleil complétant le physique de l'emploi, et dont huit jours après je portais encore les traces. Si les vêtements eussent été ma propriété, je crois que, pour la curiosité du fait, j'aurais tenté la plaisanterie, ne fût-ce que pour me faire photographier en ville et m'offrir dans cet accoutrement pittoresque aux regards épouvantés de mes amis.

Il était déjà trois heures : nous n'avions pas un instant à perdre pour regagner Abbeville, du moment où j'avais mis dans mes projets de ne pas manquer le convoi direct du soir. Je serrai la main à M. Labitte, je promis une seconde visite à Lala, qui s'engagea de son côté à me faire tuer l'un des quinze à vingt phoques, tant gros que petits, qui restent encore, dit-il, dans la baie de la Somme, et à six heures du soir, après un voyage sans aucun autre incident digne de remarque, nous nous retrouvions avec l'ami Villiot, à la pension du 8e dragons qui, s'il plaît au grand saint Hubert et aux amis, sera encore plus d'une fois la mienne.

Je ne suis pas dégoûté, direz-vous.... mais après tout, n'est-ce pas un droit acquis pour moi désormais que de m'asseoir à la table de messieurs les officiers, puisqu'en quittant le Crotoy, le patron

Lala, qui se prétend physionomiste, n'en voulait pas démordre et me criait encore à tue-tête et d'aussi loin qu'il pût m'apercevoir : « Bon voyage et prompt retour, *capitaine !* »

FIN.

TABLE DES MATIÈRES.

FIN DE LA TABLE.

PARIS. — IMPRIMERIE DE CH. LAHURE ET Cⁱᵉ
Rue de Fleurus, 9